U0225250

真实的大自然

给孩子一座自然博物馆

陆地动物3

狮子

韩国与元媒体公司 / 著
胡梅丽 马巍 / 译

電子工業出版社
Publishing House of Electronics Industry
北京·BEIJING

带孩子走进真实的大自然

——送给孩子一座自然博物馆

大自然本身就是一座气势恢宏、无与伦比的博物馆。自然万象，展示着造物的伟大，彰显着生命的活力。我们在这样的自然奇观面前，心潮澎湃，敬畏不已。为人父母，没有人不愿意尽早地带孩子领略这座博物馆的奥秘和神奇！然而，这又谈何容易？一座博物馆需要绝佳的导游，现在，《真实的大自然》来了！

《真实的大自然》之所以好，至少有以下几方面：

一，真实。市面上，真正全面、真实地反映自然的大型科普读物并不多见。好的科普读物，首先必须建立在严谨的科学知识的基础上。现在，科学素养越来越成为一个人的立身之本。这套书，是多位世界级的生物科学家的“多手联弹”，4000多张高清照片配合着精准有趣的文字描述，重现地球生命的美轮美奂。长颈鹿脖子有多长？鸵鸟有多大？都用1:1的比例印了出来！当孩子打开折页，真实的大自然变得伸手可及。

二，诚挚的爱心。大自然并不是一座没有感情的机器，每一种动物，都有自己充满爱心的家庭，每一个小生命毫无例外，都得到了深深的关爱与呵护。这种爱心，甚至遵循着无差别的平等伦理，家庭成员相互之间也是无差别的友爱。比如，大象宝宝掉到泥池中，它的三个姐姐又是拽又是推，愣是把弟弟救上岸。大象姐姐不幸离世，弟弟还用鼻子摸一摸姐姐，久久不愿离去；离开前，所有大象还用树枝默默地覆盖住尸体加以保护。过了很久它们还会再回来祭奠。这是多么神奇的生命教育课！

三，童趣十足。这套书貌似“硬科普”，但语言亲切、质朴，充满情趣，不急不躁，耐心地从孩子的角度使用了孩子的语言，与孩子产生共鸣。比如：“哇！是蚜虫，肚子好饿啊，我要吃了。”“你是谁呀？竟然想吃蚜虫！”“哎呀！快逃！这里的蚜虫我不吃了。”“亲爱的瓢虫小姐，请做我的另一半吧！”“嗯，我喜欢你。我可以做你的另一半。”充满童趣的故事和画面贯穿全书始终。

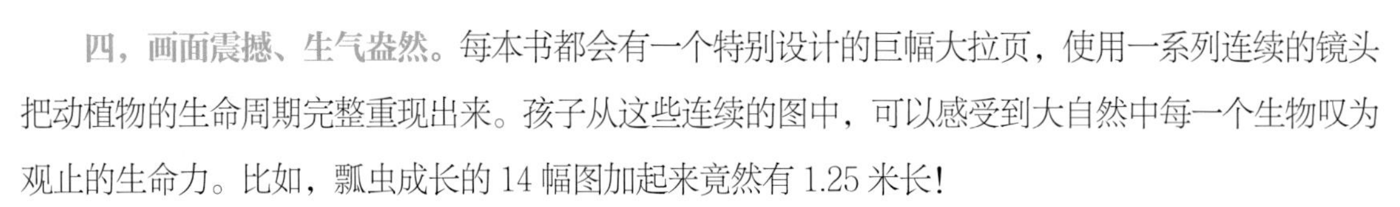

四，画面震撼、生气盎然。每本书都会有一个特别设计的巨幅大拉页，使用一系列连续的镜头把动植物的生命周期完整重现出来。孩子从这些连续的图中，可以感受到大自然中每一个生物叹为观止的生命力。比如，瓢虫成长的14幅图加起来竟然有1.25米长！

五，精湛的艺术追求。艺术是人类的创造，然而艺术法则的存在在自然界却是普遍的事实。每一个生命中力量的均衡、结构的和谐、情感的纯朴、形象的变化，都气韵生动地展示出自然世界的艺术性力量。难能可贵的是，主创人员通过语言描述和视觉呈现，将这种艺术性逼真地表达了出来，激荡人心。

六，最让人感念的是无处不在的教育思维。虽然书中有海量的图片，但是仔细研究发现，没有一张图是多余的，每张图都在传递着一个重要的知识点。摄影师严格根据科学家们的要求去完成每一张图片的拍摄，并不是对自然的简单呈现，而是处处体现着逻辑严谨、匠心独具的教学逻辑。对每种生物都从出生、摄食、成长、防卫、求偶、生养、死亡、同类等多个维度勾勒完整的生命循环，呈现生物之间完整的生态链条。主创团队是下了很大的决心，要用一堂堂精美的阅读课，召唤孩子的好奇心和爱心，打好完整的生命底色，用心可谓良苦。

跟随这套书，尽享科学之旅、发现之旅、爱心之旅、审美之旅，打开页面，走进去，有太多你想象不到的地方，让已为人父母的你也兴奋不已。我仿佛可以看到，一个个其乐融融地观察和学习生物家庭的人类小家庭，更加为人类文明的伟大和浩荡而惊奇和感动！

让我们一起走进《真实的大自然》！

李岩

第二书房创始人 知名阅读推广人

审校专家

张劲硕 科普作家，中国科学院动物研究所高级工程师，国家动物博物馆科普策划人，中国动物学会科普委员会委员，中国科普作家协会理事，蝙蝠专家组成员。

高　源 北京自然博物馆副研究馆员，科普工作者，北京市十佳讲解员，自然资源部“五四青年”奖章获得者，主要从事地质古生物与博物馆教育的研究与传播工作。

杨　静 北京自然博物馆副研究馆员，主要研究鱼类和海洋生物。

常凌小 昆虫学博士后，北京自然博物馆科普工作者，主要研究伪瓢虫科。

秦爱丽 植物学专业，博士，主要从事野生植物保护生物学研究。

广大的非洲草原上，
万兽之王狮子大吼一声，
其他动物向四处奔逃。
为什么狮子被称为万兽之王呢？

在草原上，我就是王

狮子咬着猎物，一边抽动鼻翼，
一边低吼，
目光像火焰，吼声非常雄壮，
它是万兽之王。

狮子的食物　狮子会猎食野猪、斑马、羚羊、水牛、长颈鹿等动物。

“我是草原的猎者，吼！”
动物们听到狮子的叫声，都害怕得发抖。
如果被追上，
就一定会变成
它的食物。

雄壮的吼叫声 狮子的吼叫声非常大，即使在4千米以外的地方都听得到。

公狮威风的仪态 公狮头部的鬃毛，使得脸部和身体看起来更大，让其他动物感觉更具威胁性。

因为公狮身上长了什么东西，所以脸部和身体看起来会更大？

（答案在第45页）

我就长这个样子

幼狮宝宝的长相差不多都一样，
但是成年的公狮和母狮长得不一样。
“我的鬃毛又长又油亮！”
成熟的公狮才会长出鬃毛。

鬃毛　成年的公狮长有鬃毛。打斗时鬃毛具有保护作用，而且使它的身体看起来比实际上大。
牙齿　都很尖锐，尤其四颗犬齿特别锋利。
舌　又长又灵活，方便理毛。舌头上长有刺状的突起物，方便舔起猎物骨头上的肉。
颌　强而有力，很容易咬碎猎物的骨头。
和爸爸妈妈一起答
成年的公狮和母狮，谁长有鬃毛？
（答案在第45页）

力气最大的是首领

担任首领的公狮为了守护狮群，会到处走动。
假如有陌生的狮子入侵狮群的领地，
担任首领的公狮会为了守护狮群而战斗。
获胜的公狮，可以占有自己喜欢的母狮。

守护狮群的公狮　担任首领的公狮常常在自己的领地内走动，守护狮群，防范敌人入侵。

公狮间的战斗 担任首领的公狮为了守护自己的狮群，会与入侵的公狮战斗。有时在同一狮群内，公狮也会为了争夺首领的地位而发生争斗。

照料宝宝的公狮 母狮群出去猎食时，公狮会留在狮群内，一边防范其他公狮入侵，一边照料幼狮宝宝。

公狮之间为了竞争交配对象而常常争斗吗？ 在狮群中，公狮之间的等级很明确，一旦确定排序，则不太会改变，除非有更强壮的公狮出现。

狮子谈恋爱

到了交配期，公狮会四处走动，寻找母狮。

“母狮小姐你好，嫁给我吧！”

公狮嗅一嗅母狮身体的气味，

便能判断母狮的心意。

公狮正在舔母狮 公狮靠近母狮，碰触身体，一会儿低吼，一会儿嗅一嗅母狮所分泌的独特气味。公狮闻了母狮的味道，就知道母狮的状态。

共度甜蜜时光　如果一对狮子彼此喜欢，会离开狮群2~5天，一起生活，以便交配。交配之后，再回到狮群中。

交配　公狮趴上母狮的背部进行交配。有时公狮为了防范母狮改变心意，会咬住母狮的颈部或者耳朵。

常识小课堂

费洛蒙　昆虫或嗅觉发达的动物所散发出来的气味。昆虫或动物体内有费洛蒙分泌腺，会分泌费洛蒙来宣示势力范围或向同伴示警，也会引诱交配对象。

出生后3周内还不太会走，母狮会咬住幼狮宝宝的后颈，将它转移到安全的地方。

幼狮宝宝诞生了

“宝宝快诞生了，要找个安全的地方。”
母狮会到洞穴或草丛里独自生产。
幼狮宝宝的身上有好多斑纹，
到了成年之后便全部消失。

交配后约110天时，母狮会生下1~4只幼狮宝宝。刚出生的幼狮宝宝身上还看不到斑纹。

出生后3~11天时会睁开眼睛。

公狮与母狮 幼狮宝宝诞生后，大约2年便长大成年。因此，公狮2~4岁时，会自行离开或被赶出狮群，过着流浪生活，一直到交配时期为止。一般来说，公狮子长到四五岁时，才可以交配。

07

大约2年，幼狮差不多成年了，已具有成年狮子的模样。

从出生后第4个月开始，幼狮开始跟随母狮学习猎食的方法。

6~8个月大时，幼狮宝宝仍会吸食母狮的奶水。一旦它学会如何猎食后，便可以断奶，否则要一直到2岁时才能完全断奶。

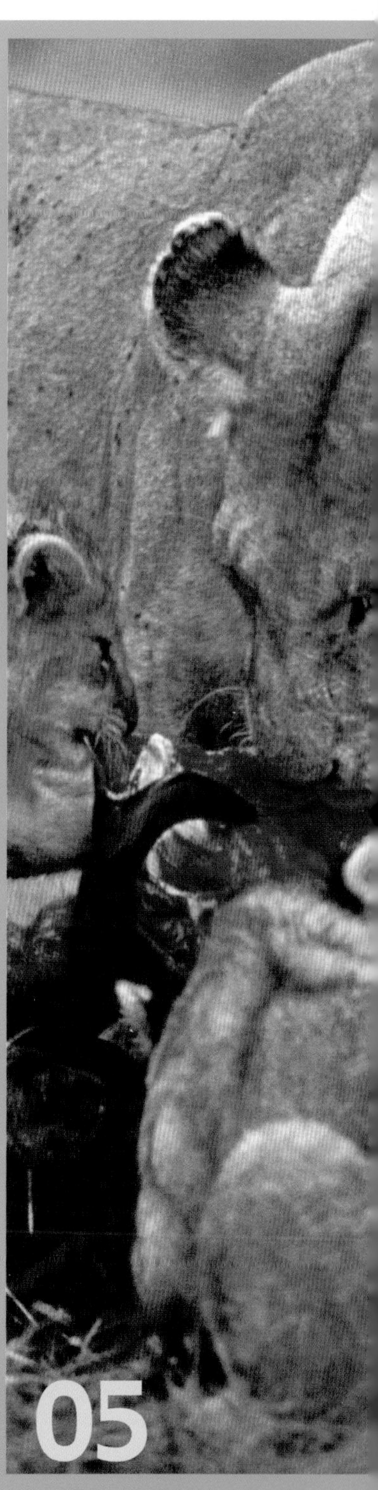

出生约2个月后，幼狮开始尝试啃食母狮猎到的猎物，并逐渐增加吃肉的量。

大家一起生活

力气最大的公狮是首领，

它跟数只狮子一起，过着群居生活。

一起生活可以相互照顾，合作猎食。

幼狮宝宝在群体中，通过玩耍学到很多事情。

成群移动的狮子家族 一个狮群的数量依领地大小和猎物多寡而不同，但大致上以公狮首领为中心，加上多只母狮和它们所生的小狮子。

成群玩耍的小狮子 小狮子有很多同龄玩伴，在和兄弟姐妹、朋友、妈妈一起玩的过程中，学习群体中的生存方式。

大家一起照顾宝宝　同一狮群里的母狮们，生产时间差不多，大家会合力照顾幼狮宝宝。

以声音和动作沟通

“吼，你吃饱了吗？”“吼，我吃饱了。”
狮子们以不同的吼叫声互相问答；
聊天时，会抽动耳朵，摇摇尾巴；
外出回来后，会舔舔脸颊，嗅嗅气味。

以吼叫声呼唤同伴 母狮发出吼叫声来呼唤狮群中的同伴。每只狮子的吼叫声都不同，凭吼叫声就可以判断是哪只狮子。

互相打招呼 狮子外出或捕猎回来，会互相用舌头舔脸或碰触来打招呼，并借助这样的动作留下彼此的气味。

母狮们在猎食

天色渐渐变暗的时候，母狮们开始觅食。
狮子在黑暗中也能看得清楚，
它的嗅觉灵敏，听力很好，
躲在草丛里，等猎物出现时便迅速出击。

躲在草丛里 狮子的毛像干草一样呈黄褐色，所以躲藏在干草丛里，不容易被发现。

狮子们同心协力追捕猎物 母狮们互相合作追捕猎物，因此连体型比它们大的非洲水牛、斑马等动物都能猎取。

母狮们完成捕猎行动之后，
将猎物带回来，全家围在一起吃得好开心。
“宝宝们，等爸爸吃过后再吃吧。”
首领公狮吃过后，其他狮子才开始吃。

快速扑过去 躲在草丛中的母狮子快速地扑向猎物，展开攻击。

快乐的用餐时间 捕猎回来的食物，要尽快吃完。由狮群的首领先吃，接着轮到母狮吃，最后才轮到小狮子享用。

断气 咬住猎物的喉部使它断气。

好喜欢睡午觉

狮子不喜欢炎热，
常在白天呼呼大睡，
要不然就眯眼望着远处，
无聊的时候，偶尔会互相嬉闹玩耍。

在树上睡觉 狮子每天会到凉爽的树荫下或柔软的草地上午睡。如果地面有小虫打扰或天气太热时，便爬到树上睡午觉。狮子有尖锐的脚爪，可以轻松爬树。

我们都是狮子一族

很久以前，狮子分布的范围很广，
如今它们只生活在非洲及印度的部分地区。
“我是住在非洲的非洲狮。”
“我是住在印度的印度狮。”
我们在动物园里看到的通常是非洲狮。

非洲狮

比起印度狮，非洲狮有更浓密的鬃毛，体型也较大。

狮子分布的地方

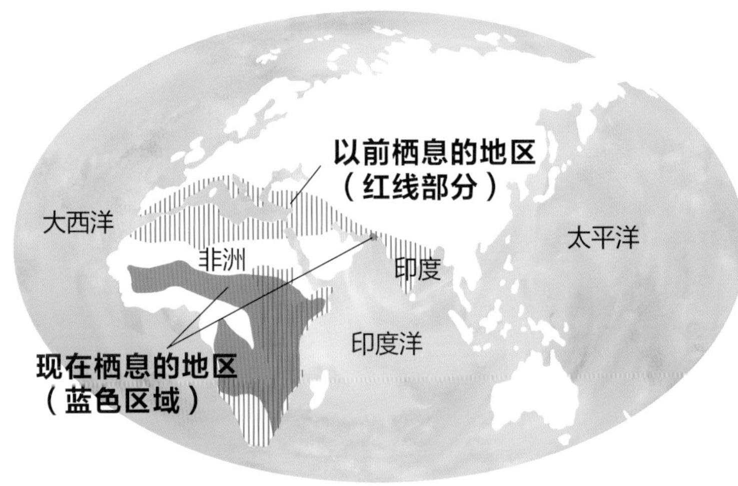

狮子的栖息地 很久以前，狮子栖息在图中红线所示的广大地区，但如今只分布于非洲及印度的少部分地区（蓝色所示）。

印度狮

印度狮 又称为亚洲狮，比起非洲狮，它的体型较小，而且肚皮上有长条形斑纹。公狮的鬃毛不如非洲狮发达，因此能看到耳朵。

巴巴里狮，
是狮子中体型最大的，
原本住在北非，可惜野外已基本灭绝。

狮子中的佼佼者——巴巴里狮 黄褐的毛色中带有一点黑色。从头部、胸部到肚皮底部长有浓密的鬃毛，体长比我们现在看到的狮子长40厘米。

和狮子一起玩吧！

狮子

属于食肉目猫科，被称为“万兽之王”。曾经分布于非洲、欧洲和亚洲，但现在只栖息于非洲及印度的部分地区。公狮头部长有浓密的鬃毛，令人联想到国王威风的形象，因此，自古以来一直被视为象征力量和权势的动物。

只有母狮会捕猎吗？

在狮群里捕猎主要由母狮负责，通常由多只母狮合力完成。公狮有时候也会外出捕猎。我们就来探究一下，哪些情况下才由公狮外出捕猎吧！

狮群中捕猎的工作大多由母狮们合力完成，但是，偶尔公狮也会单独外出捕猎。捕猎时，母狮以捕食羚羊、瞪羚等小型动物为主，公狮则以较大型动物为主。当然，有时多只母狮也会合力猎捕斑马或长颈鹿等体型较大的动物。不过，据说公狮的捕猎成功率，远比多只母狮合作捕猎低很多，100次中仅能成功5次而已。

单独捕猎 公狮偶尔会单独捕猎。

在狮群中，小母狮长大后不会离开狮群，会继续留下来。但是，小公狮长大后会自行离开狮群或被赶出去，单独生活。小公狮到了3岁左右，与狮群中其他兄弟一起离开，或是被公狮首领赶走，开始过流浪的生活。流浪公狮与其他狮群的公狮首领战斗获胜后，才能进入新的群体，成为新的首领。

离开狮群的公狮 离开狮群而单独生活的公狮们，有时候会聚集起来共同生活。在这种情况下，公狮们会同心协力一起捕猎。

从狮群中被赶走或自行离开的公狮，在进入新的狮群之前，为了生存，常与其他公狮一起合作捕猎。因为狮子单独猎食是很困难的，小动物还容易猎取，若是猎捕比自己体重重很多的非洲水牛或长颈鹿等动物，则不容易靠单独的力量达成。

合力捕猎 发现猎物的公狮们正在合力攻击。合作捕猎远比单独捕猎的成功率高。

有趣的非洲野生动物观赏之旅

想亲眼看看草原上威风的万兽之王，可以到非洲草原！“非洲野生动物观赏之旅”是指将野生动物放养在自然公园中，游客乘坐汽车游览，近距离观赏。

在非洲，有很多可以观察野生狮子真实生活的地方，如坦桑尼亚的塞伦盖蒂国家公园、肯尼亚的马赛马拉国家公园、南非的克鲁格国家公园等，在那里可以看到著名的“非洲五霸”，也就是狮子、非洲象、非洲水牛、豹和黑犀牛。

用照相机捕捉狮子的身影 游客用照相机拍摄走动的狮子。

成群移动的狮子 幸运的话，可以看到多只狮子成群移动的场面，也可以看到它们捕猎的情景。

在城市里的很多动物园都可以近距离地观赏狮子，看一看狮子进食或午睡的样子。当然，狮子也可能用雄壮的吼声来欢迎大家。

小朋友在观看狮子 可以看到狮子张大嘴巴的模样。

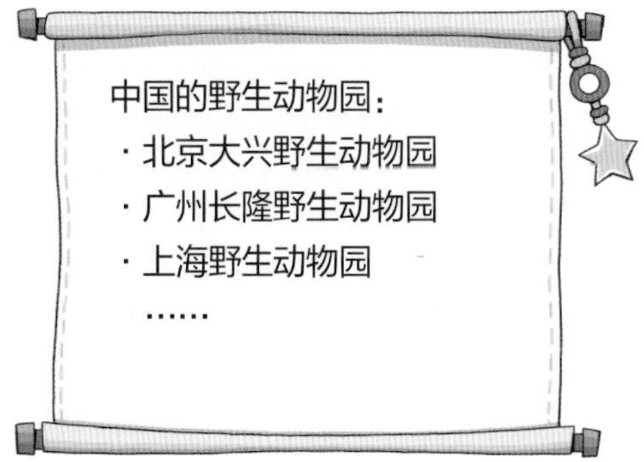

中国的野生动物园：
- 北京大兴野生动物园
- 广州长隆野生动物园
- 上海野生动物园

……

美术作品中的狮子是什么形象？

自古以来，人们将狮子视为权力和勇猛的象征。尤其公狮茂密的鬃毛和发亮的体毛，更象征着国王威风的仪态。人们甚至认为狮子会赶走魔鬼，带来幸福和好运。在东西方的绘画、雕塑、建筑中，有很多描绘狮子的作品。一起来看看这些作品！

爱德华·希克斯的《和平王国》

图画中出现的狮子，大部分都符合万兽之王的形象，勇猛又恐怖。但是，美国画家爱德华·希克斯（1780—1849年）在《和平王国》的画作里，将狮子描绘成与人类及其他动物和平相处的温馨形象。小朋友和周围的狮子、老虎、豹、牛等动物，看起来都相安无事。

《和平王国》
美国画家爱德华·希克斯的作品，描绘了一个理想世界。

雕塑作品中的狮子

古代人喜欢借助勇猛的动物形象，来描写力量超凡的神，或为正义奋斗的勇士。其中狮子是出现最频繁的动物之一，狮子常以半狮半人的样貌登场。新加坡的象征“鱼尾狮像”为狮头鱼身的造型。据说新加坡最早的国名“Singapura”，在梵语中的意思就是“狮子城”，加上新加坡是海洋国家，所以将狮子和鱼结合起来，形成了这座雕像。

瑞士有座以天然石块雕砌而成的“狮子纪念碑”。这座“狮子纪念碑”是纪念法国革命时为了守卫路易十六世的皇宫而战死的700多名瑞士士兵。纪念碑中的狮子象征瑞士士兵，它被刺穿心脏后，仍尽心尽力地守护着刻有法国皇家纹章百合花的盾牌，而在它面前则矗立着象征瑞士的盾牌。

鱼尾狮像（Merlion） Merlion是代表“人鱼”的Mermaid和代表“狮子”的Lion合成的名字。1972年，被制作完成，作为新加坡的象征。

狮子纪念碑 丹麦雕刻家巴特尔·托瓦尔森设计的作品，1821年由德国出生的卢卡斯·阿霍恩完成。

国旗中的狮子

狮子也出现在斯里兰卡的国旗里。国旗右边握剑的狮子，代表该国是僧伽罗（狮子国）的后代。

斯里兰卡国旗 左边的绿色和橘色条纹，分别象征该国信奉伊斯兰教和印度教的族群。

狮子是万兽之王吗？

狮子虽被称为“万兽之王”，但并非永远占上风。虽然，狮子在非洲草原地区猎食其他动物，拥有万兽之王的地位，但有的时候，它也会受到大象或者非洲水牛群的攻击而伤亡。另外，年老或落单的狮子，也经常遭到成群鬣狗的攻击，而且还可能被吃掉。

狮子喜欢在白天睡觉的原因是什么？

狮子是夜行性动物，主要在夜间活动，捕猎也在夜间进行。它们在大白天睡午觉或懒洋洋地消磨时间，是为了借助休息来储备体力。虽然狮子是草原的猎者，但不一定每次捕猎都能成功，如果捕猎失败，就只能挨饿。因此，它们在白天不进行任何活动或干脆睡觉，以免晚上捕猎失败时，第二天肚子会更饿、更难受。

公狮的鬃毛到了几岁才会变得茂密？

公狮的鬃毛从小开始由颈部和头部长出来，到了3岁时变得很茂密。通过实验发现，鬃毛颜色较浓、长度较长的公狮，比较受母狮的青睐，而且看起来对其他公狮更具有威胁性。不过，狮子的鬃毛越长越容易觉得热，所以比起鬃毛较少甚至没有鬃毛的狮子来说，鬃毛长的狮子会休息得更久一些。

狮子尾巴末端的穗毛，什么时候开始长出来？

刚出生的幼狮宝宝尾巴末端没有穗毛，身上则长有一点一点的斑纹。随着幼狮逐渐长大，斑纹会消失不见，尾巴末端则开始长出穗毛来。

狮子的视力有多好？

狮子的视力非常好，白天能区别颜色，在黑暗处也能以黑白影像来辨别事物。为了在夜间能看得清楚，它的瞳孔会变大，也会反射光线。但在白天时，为了减少进入眼睛的光线，它的瞳孔会变小。

狮子总共有几颗牙齿？

狮子的牙齿总共有30颗，其中门齿12颗，犬齿4颗，裂齿14颗。犬齿又长又尖，用来咬死猎物及撕裂皮肉；门齿可以把大块肉切成小块的碎肉；裂齿则用来切断连接骨骼的韧带、肌肉。狮子没有磨碎和咀嚼功能的臼齿，因此会吞下整块食物。

狮子可以活到几岁？

在草原上四处活动的狮子，寿命和在动物园里的狮子不一样。动物园里的狮子可以活得比较久。据说野生狮子的寿命约为10~14年。而动物园饲养的狮子，可以活20年以上。

狮子捕猎后会吃多少？

狮子每次捕获猎物后，通常很快吃完，但有时会把吃剩的食物藏起来，留到以后再享用。成年的公狮一次能吃下40千克左右的食物，母狮则能吃下25千克左右，但一般都吃8~9千克。狮子每天至少要吃5千克左右的食物，才能维持生命。

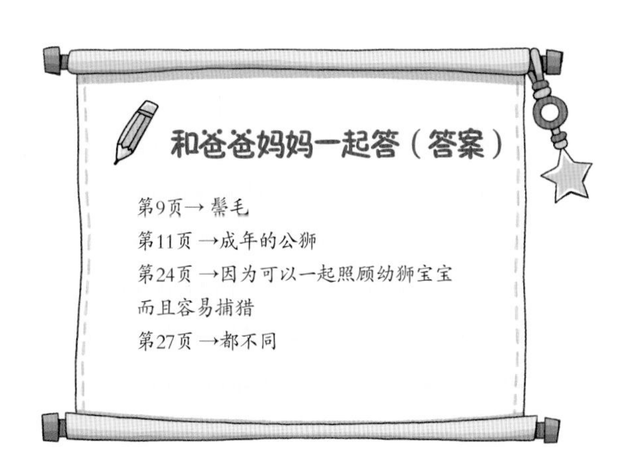

版权贸易合同登记号 图字：01-2020-1480

图书在版编目（CIP）数据

真实的大自然. 陆地动物. 3. 狮子 / 韩国与元媒体公司著；胡梅丽，马巍译. -- 北京：电子工业出版社，2020.7
ISBN 978-7-121-39156-9

Ⅰ. ①真… Ⅱ. ①韩… ②胡… ③马… Ⅲ. ①自然科学－少儿读物②狮－少儿读物 Ⅳ. ①N49 ②Q959.838-49

中国版本图书馆CIP数据核字(2020)第108215号

责任编辑：苏　琪
印　　刷：北京利丰雅高长城印刷有限公司
装　　订：北京利丰雅高长城印刷有限公司
出版发行：电子工业出版社
　　　　　北京市海淀区万寿路 173 信箱　邮编：100036
开　　本：889×1194　1/16　印张：17.5　字数：265.50 千字
版　　次：2020 年 7 月第 1 版
印　　次：2022 年 3 月第 2 次印刷
定　　价：234.00 元（全 6 册）

凡所购买电子工业出版社图书有缺损问题，请向购买书店调换。若书店售缺，请与本社发行部联系，联系及邮购电话：（010）88254888，88258888。
质量投诉请发邮件至 zlts@phei.com.cn，盗版侵权举报请发邮件至 dbqq@phei.com.cn。
本书咨询联系方式：（010）88254161 转 1882，suq@phei.com.cn。

真实的大自然

给孩子一座自然博物馆

陆地动物3

蜘蛛

韩国与元媒体公司 / 著
胡梅丽 马巍 / 译 常凌小 / 审

電子工業出版社
Publishing House of Electronics Industry
北京·BEIJING

带孩子走进真实的大自然

——送给孩子一座自然博物馆

大自然本身就是一座气势恢宏、无与伦比的博物馆。自然万象，展示着造物的伟大，彰显着生命的活力。我们在这样的自然奇观面前，心潮澎湃，敬畏不已。为人父母，没有人不愿意尽早地带孩子领略这座博物馆的奥秘和神奇！然而，这又谈何容易？一座博物馆需要绝佳的导游，现在，《真实的大自然》来了！

《真实的大自然》之所以好，至少有以下几方面：

一，真实。市面上，真正全面、真实地反映自然的大型科普读物并不多见。好的科普读物，首先必须建立在严谨的科学知识的基础上。现在，科学素养越来越成为一个人的立身之本。这套书，是多位世界级的生物科学家的“多手联弹”，4000多张高清照片配合着精准有趣的文字描述，重现地球生命的美轮美奂。长颈鹿脖子有多长？鸵鸟有多大？都用1:1的比例印了出来！当孩子打开折页，真实的大自然变得伸手可及。

二，诚挚的爱心。大自然并不是一座没有感情的机器，每一种动物，都有自己充满爱心的家庭，每一个小生命毫无例外，都得到了深深的关爱与呵护。这种爱心，甚至遵循着无差别的平等伦理，家庭成员相互之间也是无差别的友爱。比如，大象宝宝掉到泥池中，它的三个姐姐又是拽又是推，愣是把弟弟救上岸。大象姐姐不幸离世，弟弟还用鼻子摸一摸姐姐，久久不愿离去；离开前，所有大象还用树枝默默地覆盖住尸体加以保护。过了很久它们还会再回来祭奠。这是多么神奇的生命教育课！

三，童趣十足。这套书貌似“硬科普”，但语言亲切、质朴，充满情趣，不急不躁，耐心地从孩子的角度使用了孩子的语言，与孩子产生共鸣。比如：“哇！是蚜虫，肚子好饿啊，我要吃了。”“你是谁呀？竟然想吃蚜虫！”“哎呀！快逃！这里的蚜虫我不吃了。”“亲爱的瓢虫小姐，请做我的另一半吧！”“嗯，我喜欢你。我可以做你的另一半。”充满童趣的故事和画面贯穿全书始终。

四，画面震撼、生气盎然。每本书都会有一个特别设计的巨幅大拉页，使用一系列连续的镜头把动植物的生命周期完整重现出来。孩子从这些连续的图中，可以感受到大自然中每一个生物叹为观止的生命力。比如，瓢虫成长的14幅图加起来竟然有1.25米长！

五，精湛的艺术追求。艺术是人类的创造，然而艺术法则的存在在自然界却是普遍的事实。每一个生命中力量的均衡、结构的和谐、情感的纯朴、形象的变化，都气韵生动地展示出自然世界的艺术性力量。难能可贵的是，主创人员通过语言描述和视觉呈现，将这种艺术性逼真地表达了出来，激荡人心。

六，最让人感念的是无处不在的教育思维。虽然书中有海量的图片，但是仔细研究发现，没有一张图是多余的，每张图都在传递着一个重要的知识点。摄影师严格根据科学家们的要求去完成每一张图片的拍摄，并不是对自然的简单呈现，而是处处体现着逻辑严谨、匠心独具的教学逻辑。对每种生物都从出生、摄食、成长、防卫、求偶、生养、死亡、同类等多个维度勾勒完整的生命循环，呈现生物之间完整的生态链条。主创团队是下了很大的决心，要用一堂堂精美的阅读课，召唤孩子的好奇心和爱心，打好完整的生命底色，用心可谓良苦。

跟随这套书，尽享科学之旅、发现之旅、爱心之旅、审美之旅，打开页面，走进去，有太多你想象不到的地方，让已为人父母的你也兴奋不已。我仿佛可以看到，一个个其乐融融地观察和学习生物家庭的人类小家庭，更加为人类文明的伟大和浩荡而惊奇和感动！

让我们一起走进《真实的大自然》！

李岩

第二书房创始人 知名阅读推广人

审校专家

张劲硕 科普作家，中国科学院动物研究所高级工程师，国家动物博物馆科普策划人，中国动物学会科普委员会委员，中国科普作家协会理事，蝙蝠专家组成员。

高 源 北京自然博物馆副研究馆员，科普工作者，北京市十佳讲解员，自然资源部“五四青年”奖章获得者，主要从事地质古生物与博物馆教育的研究与传播工作。

杨 静 北京自然博物馆副研究馆员，主要研究鱼类和海洋生物。

常凌小 昆虫学博士后，北京自然博物馆科普工作者，主要研究伪瓢虫科。

秦爱丽 植物学专业，博士，主要从事野生植物保护生物学研究。

蜘蛛从腹部
不断地吐出蛛丝，
织成精致漂亮的蜘蛛网。然后在
自己的网里安静地待着，一动不动。
蜘蛛为什么在网里屏住呼吸
一动不动呢？

我是织网小能手

蜘蛛摇晃着肚子，有丝线连绵不断地被吐出来。

“嗨哟！一定要用漂亮的银色蛛丝织出一个结实又好看的网来。”

蜘蛛织出的网又精致又漂亮，不愧是织网界的高手啊！

吐丝织网的络新妇（一种蜘蛛的名字） 蜘蛛的腹中有能产生蛛丝的纺器，纺器与腹部后端一个被称作“丝腺”的小孔相连，蛛丝则从丝腺里吐出来。

“朋友们，来欣赏一下我织的炫酷蜘蛛网吧！”

蜘蛛不仅可以在空中织网，还可以在地下和水里织网呢！

它们织的网形状多样、千奇百怪，有碗碟形状的、圆形的、漏斗形的、钟形的，还有吊板形状的，甚至还有歪歪扭扭的不规则形状。

碗碟形状的蜘蛛网　在空中将周围杂乱的物体捆扎起来而形成的蜘蛛网，看起来就像一个碗或者碟子。

圆形的蜘蛛网 找准一个中间位置，在搭建起来的蛛丝之间吐丝，编出一个个圆圈，看起来就像一个车轮。这种网是所有蜘蛛网里最精巧的。

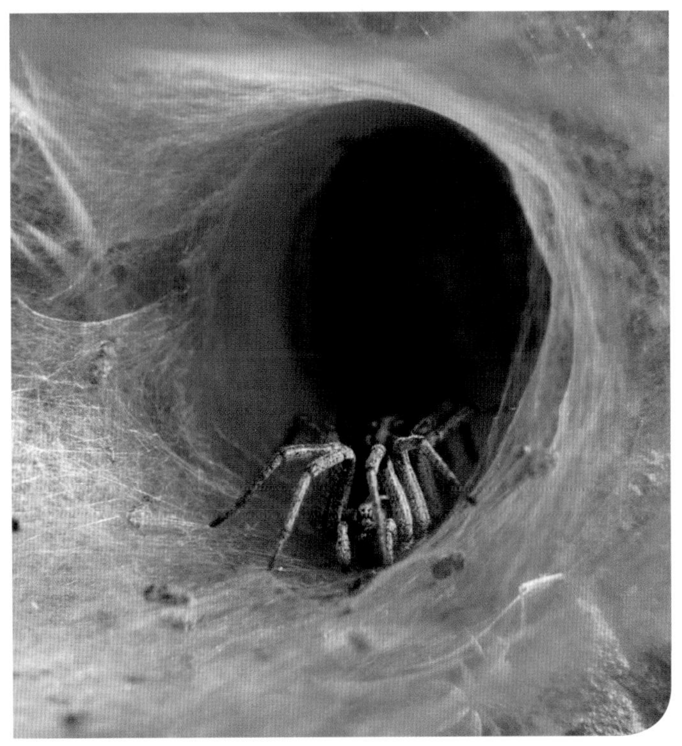

漏斗形的蜘蛛网 这种蜘蛛网的中间是一个漏斗形状的洞穴，在石墙之间或者落叶堆积的地方经常能看到这种网。

水蜘蛛织的网 生活在水中的水蜘蛛会在身体上悬挂一个气泡来回行走，将气泡捆绑在水草之间形成蜘蛛网。

我就长这个样子

“织出如此炫酷蜘蛛网的我，虽然和昆虫长得很像，但是不属于昆虫。”

蜘蛛没有触角，并且它有8条腿，而不是6条。

可以从腹部吐出蛛丝织出漂亮的蜘蛛网，并且可以在网上随意行走。

因为全身长满细密的毛，所以能感知到蜘蛛网上发出的哪怕一丁点振动。

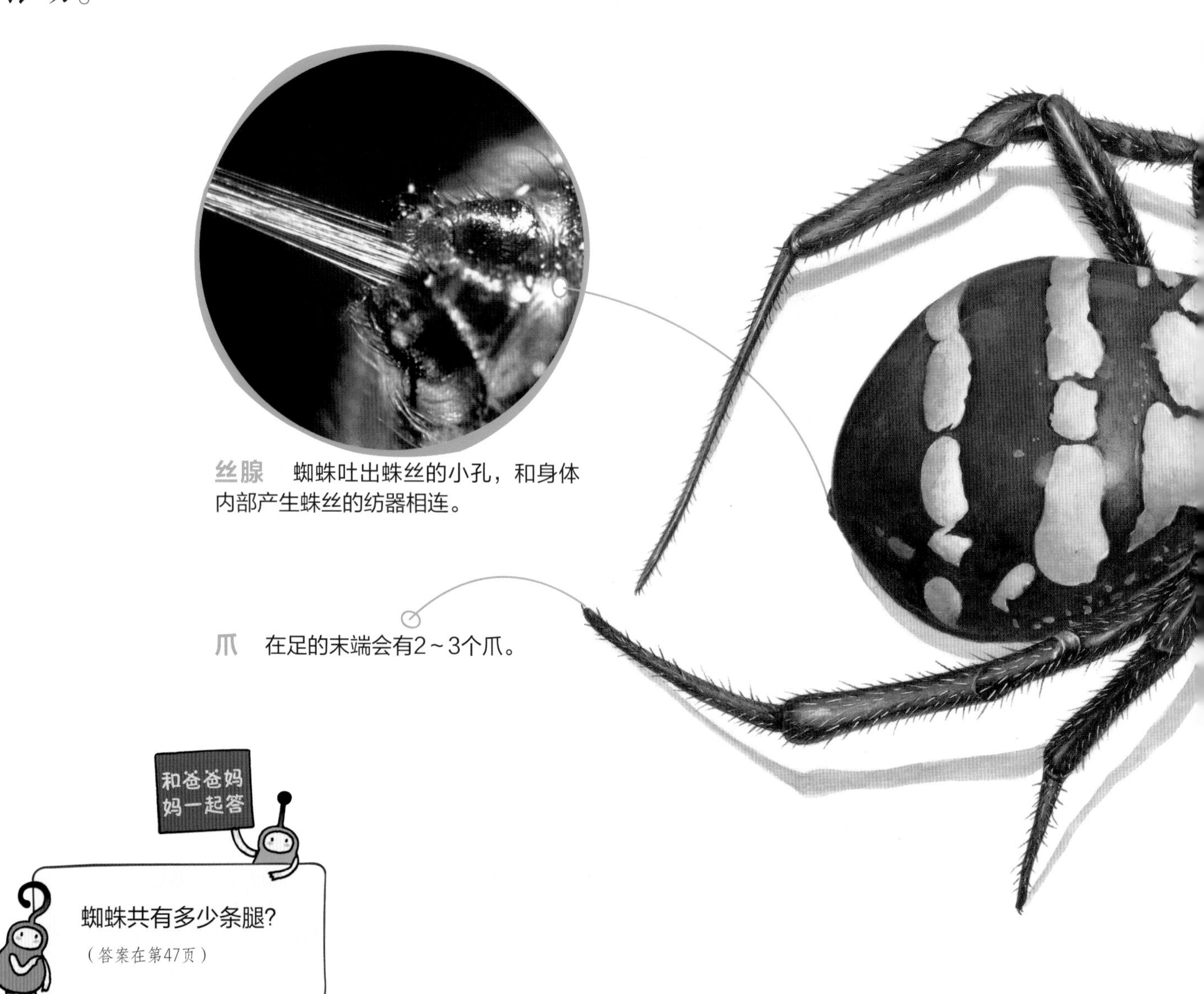

丝腺 蜘蛛吐出蛛丝的小孔，和身体内部产生蛛丝的纺器相连。

爪 在足的末端会有2～3个爪。

蜘蛛共有多少条腿?

（答案在第47页）

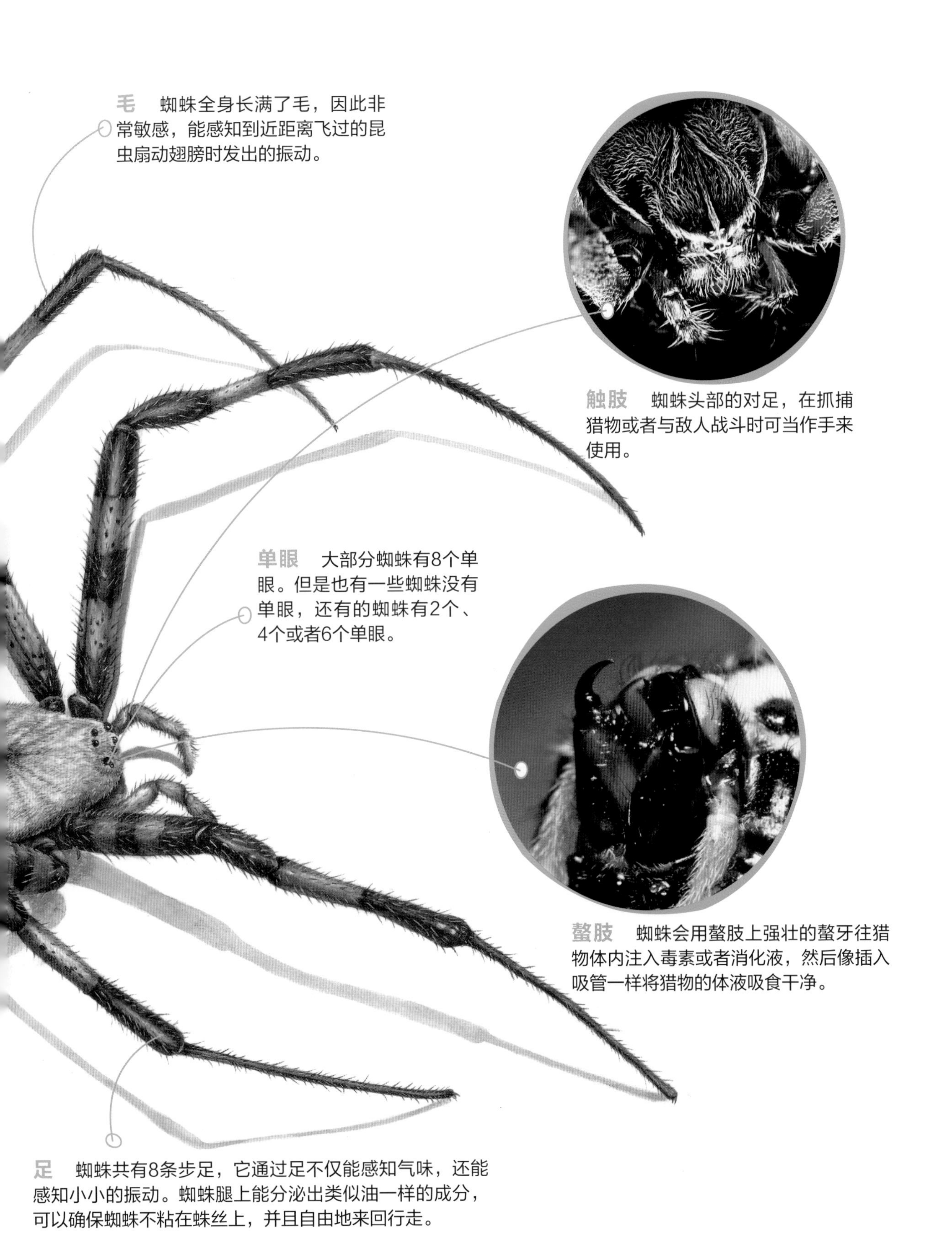

毛　蜘蛛全身长满了毛，因此非常敏感，能感知到近距离飞过的昆虫扇动翅膀时发出的振动。

触肢　蜘蛛头部的对足，在抓捕猎物或者与敌人战斗时可当作手来使用。

单眼　大部分蜘蛛有8个单眼。但是也有一些蜘蛛没有单眼，还有的蜘蛛有2个、4个或者6个单眼。

螯肢　蜘蛛会用螯肢上强壮的螯牙往猎物体内注入毒素或者消化液，然后像插入吸管一样将猎物的体液吸食干净。

足　蜘蛛共有8条步足，它通过足不仅能感知气味，还能感知小小的振动。蜘蛛腿上能分泌出类似油一样的成分，可以确保蜘蛛不粘在蛛丝上，并且自由地来回行走。

世界很大，到处都是我的家

“我生活在世界的各个角落，快睁大眼睛找找我吧！”

蜘蛛可以在草丛、沙漠、洞穴、密林、高山等任何一个地方生活，也可以在地下生活，甚至还能在水中生活。

在人们居住的房子里也有蜘蛛，小福尔摩斯们快快根据“蛛丝马迹”好好地找一找吧！

草丛中生活的横纹金蛛 横纹金蛛在草丛茂密的草原或农田里生活。

在居民住宅里生活的猎人蛛
不需要吐丝结网，主要在夜晚出没寻找猎物的猎人蛛，生活在居民住宅里。在天花板和屋顶之间、房子里的家具缝隙，还有厨房等地方都能看到猎人蛛，它们被公认为是蟑螂的天敌。

生活在地下的活板门蛛　活板门蛛在地下挖洞生活。

我是身手敏捷的猎人

“天灵灵，地灵灵，小虫子们快到我的网里来！”

饿着肚子的蜘蛛屏住呼吸，等待猎物被蜘蛛网缠住。

一旦猎物被缠住，蛛丝只要有一点点晃动，蜘蛛就能立刻察觉并快速爬过去。然后将可怕的毒液注入猎物体内，令其无法动弹，随后将猎物体液吮吸干净。

悦目金蛛正快速爬向被网缠住的螳螂 一旦猎物被蜘蛛网困住，即使蛛丝发出很轻微的振动，蜘蛛也能感知到，迅速得知猎物落网的消息。

正在吮吸昆虫体液的络新妇 用螯牙咬住昆虫，使其麻痹，无法动弹。然后向昆虫体内注入消化液，使较软的部位融化后，将其体液吸食干净。

储藏食物的横纹金蛛 肚子不饿的时候蜘蛛也会狩猎捕食，它们会将被麻痹的猎物拖到住的地方，用蛛丝紧紧缠住，等肚子饿的时候再吃。蜘蛛的毒液不仅能让猎物麻痹，还能让其保持新鲜。

“我们可以直接狩猎捕食，不用织网哦！”

有些蜘蛛不需要织网，一旦发现猎物，就快速地猛扑上去直接捕食。有的蜘蛛不仅吃昆虫，还吃青蛙、老鼠和蛇等动物，这些蜘蛛真是艺高胆大的猎手啊！

抓住小鸟的捕鸟蛛 蜘蛛中体型最大的当属捕鸟蛛。它们捕食不需要织网。虽然叫捕鸟蛛，但它们并不主动捕食鸟，而是会吃从巢中掉落的幼鸟。因为体型硕大，它们还吃老鼠、蛇等动物。

蜘蛛们是如何捕猎的呢？ 大多数蜘蛛是织网捕食的，但是也有一些不织网而直接捕猎的蜘蛛。织网捕猎的蜘蛛主要以捕食被网缠住的有翅膀的昆虫为生。而那些不织网的蜘蛛一般会直接追赶猎物，或者偷偷藏起来，等猎物经过时迅速展开攻击，进行捕食。

黄褐狡蛛的捕鱼行动 黄褐狡蛛在水面或者岸边的草叶上等待着，一旦有鱼儿游过，它就会猛扑过去。

捕食昆虫的狼蛛 狼蛛主要捕食比自己小的昆虫。

寻找我的爱侣

“我心爱的母蜘蛛，你在哪里呀？”

公蜘蛛出来寻找可以交配的母蜘蛛了。但是要想获取母蜘蛛的芳心，心甘情愿进行交配，那可是相当困难的。所以公蜘蛛们必须使出浑身解数，想尽一切办法才能和母蜘蛛交配成功。

试图交配的公络新妇 公络新妇紧盯着母络新妇。瞅准它吃食物的空隙试图交配。下方较大的是母蜘蛛，较小的是公蜘蛛。大部分蜘蛛都是公的比母的体型小。

美国络新妇的交配　公蜘蛛正小心翼翼地靠近母蜘蛛。如果母蜘蛛心情不好，那么公蜘蛛有可能会被吃掉，所以它们必须小心谨慎。

横纹金蛛的卵　横纹金蛛在卵袋中产下卵。

产卵的横纹金蛛　结束交配的母蜘蛛用丝做成一个卵袋，然后在卵袋里产卵，等产完卵之后再吐出丝将卵袋缠绕包裹住。

“到了分别的时刻。一定要保重啊，我们都要健健康康长大！”

悦目金蛛宝宝们各自吐出丝来，挂在蛛丝上四散而去。

等确定将要生活的地方后，它们就在那里独自织出漂亮的网，独自狩猎捕食，经过一次次蜕皮之后就噌噌地长大了。

03

卵壳破开后，悦目金蛛宝宝从里面钻出来。因为卵壳比较柔软，所以金蛛宝宝们能轻易咬开并钻出来。

04

从卵中孵化出来的悦目金蛛宝宝们，会暂时在卵袋中一起度过一段时间，并经历一次蜕皮，然后它们再咬开卵袋，从里面钻了出来。

我长大了

交配完成后，悦目金蛛妈妈在卵袋中产下很多卵。

终于有一天，卵壳破裂，悦目金蛛宝宝们接连从卵中钻了出来。

“终于来到这个美丽的世界了，你们好啊！很高兴见到你们。”

和妈妈长得一模一样的悦目金蛛宝宝们，密密麻麻地挤在卵袋中，一起生活着。

01

完成交配的悦目金蛛妈妈在浅绿色卵袋中产下卵。

02

卵袋中悦目金蛛的卵。

经数次蜕皮后长大的悦目金蛛　从卵中孵化出来的悦目金蛛宝宝，经过一次次蜕皮后慢慢长大，最后成长为成年悦目金蛛。

向空中的举动，被称为“御风飞行”。

“御风飞行”找到自己地盘的悦目金蛛宝宝们，从现在开始就必须依靠自己的力量独自生活了，独自吐丝织网，独自在网中捕食猎物。

悦目金蛛宝宝们经过数次蜕皮后，最终长成了成年蜘蛛。

咬开卵袋钻出来的悦目金蛛宝宝们重新聚到一起，吐出丝将大家串成一串，集体向暂时生活的地方移动。然后它们会抱成团生活一段时间，直到可以独自生活。

悦目金蛛宝宝们吐出丝，借助风的力量，吊在蛛丝上飞往自己将要生活的地方。蜘蛛这种挂在蛛丝上顺着风飞

我们的敌人很可怕

“呀，是敌人！凶狠的敌人来了！”

即使蜘蛛有如此强悍的螯牙和致命的毒液，它们也有天敌。

鸟儿、青蛙、蜥蜴等动物都是蜘蛛的天敌，它们会吃掉蜘蛛。

另外，附着寄生在蜘蛛身上的霉菌和寄生蜂，对于蜘蛛来说，也是非常可怕的敌人。

被啄木鸟抓住的大腹园蛛 在半空中结网生活的蜘蛛，是飞来飞去的鸟儿们绝佳的食物。

蜥蜴的捕蛛行动 在地里爬来爬去的蜥蜴也喜欢吃蜘蛛。

在蜘蛛体内寄生的蛛蜂幼虫 从卵中孵化出来的蛛蜂幼虫紧紧附着在蜘蛛身上，靠吃蜘蛛长大。

捕食同族的狼蛛 狼蛛在没有食物的时候，或者刚刚从卵中孵化出来，将卵中残留的营养成分吃尽时，常常会吃掉它们的同类。

编织藏身带

“蜘蛛丝不能断，所以要加厚一点。”

蜘蛛会在蜘蛛网中间编织厚厚的、各种形状的白色藏身带，这样不仅使蜘蛛丝更结实，能支撑住蜘蛛的重量，而且当敌人来临或者遇到危险的时候，还可以藏身。

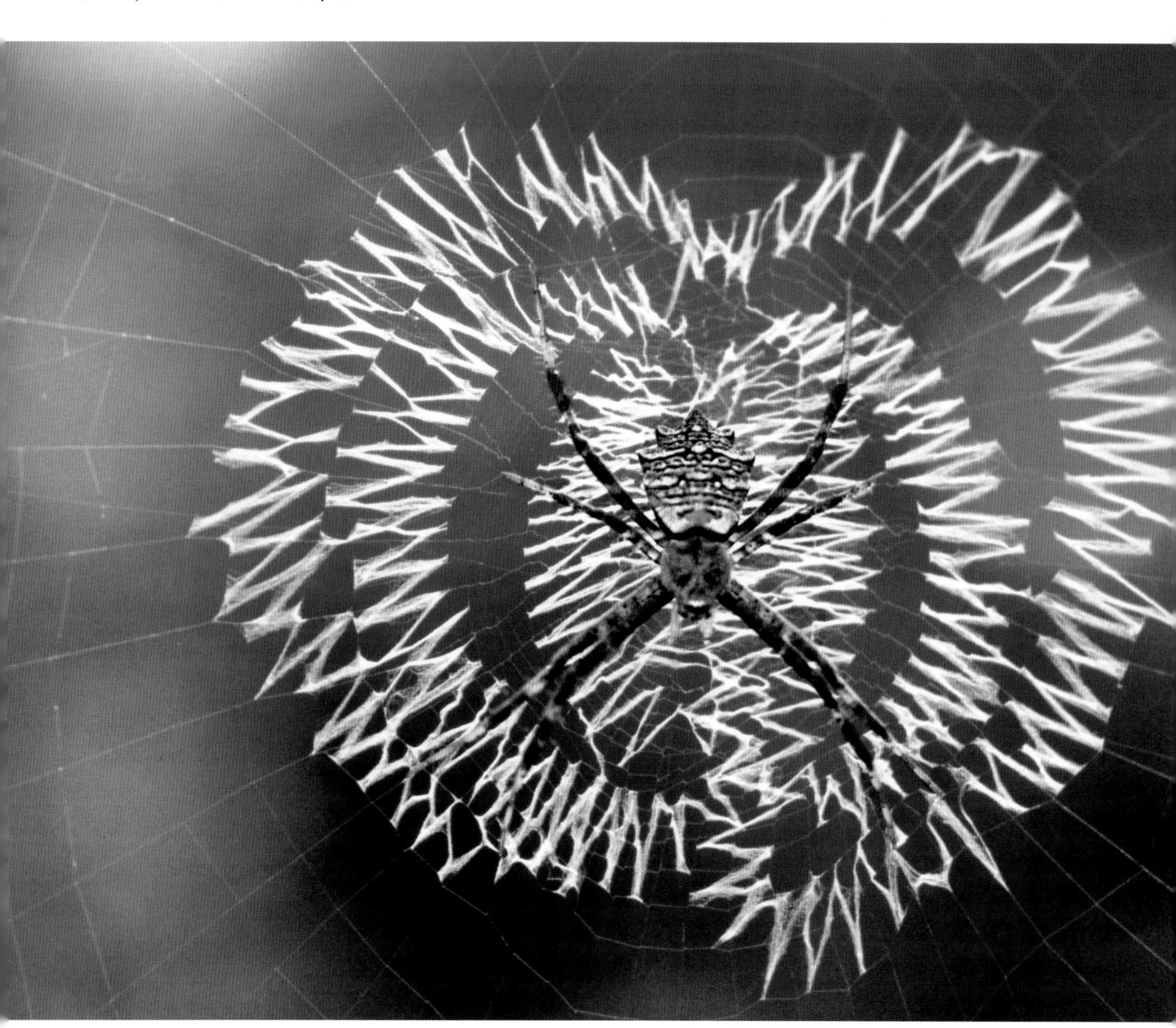

“Z”字形藏身带 编织出“Z”字形藏身带的蜘蛛正在等候猎物经过。

常识小课堂

藏身带 指蜘蛛为了不被猎物或天敌发现，在蜘蛛网中间加厚编织的带状蛛丝。蜘蛛的种类不同，藏身带的形状也不同。藏身带的形状多种多样，有“X”字形、“Z”字形、“一”字形和螺旋形等。

螺旋形的藏身带 蜘蛛在圆形蜘蛛网的中间部位，编织出旋涡纹一样的藏身带，将自己藏在里面。

“一”字形藏身带 横纹蜘蛛在圆形蜘蛛网中间编织出“一”字形藏身带，等着捕食猎物，或者躲避天敌。

我是喜欢躲猫猫的小可爱

“快来找我啊，找到我奖励你一口毒液！”

蜘蛛会使用各种方法伪装躲藏，避免被敌人发现，同时还能安全狩猎。

伪装成鸟粪的蟹蛛 蟹蛛在鸟粪掉落的地方蜷缩着身体，让自己看起来和鸟粪一模一样。

活板门蛛的狩猎战略 活板门蛛在地下建房子藏身，捕捉从家门口经过的蚂蚁等动物。

用保护色伪装自己的黄蟹蛛　黄蟹蛛正躲在黄色的花朵中间，捕捉来往的蜜蜂。

我们是同类，我们是朋友

在大自然中，不仅有在森林中生活的蜘蛛，还有在地下生活的蜘蛛，甚至有在水里生活的蜘蛛。

蜘蛛不仅生活的地方不同，长相和捕食的方式也都各不相同。

“但是，我们都是有8条腿的蜘蛛朋友哦！”

狼蛛　狼蛛妈妈会把从卵里钻出来的宝宝们背在背上，直到它们可以独自生活。

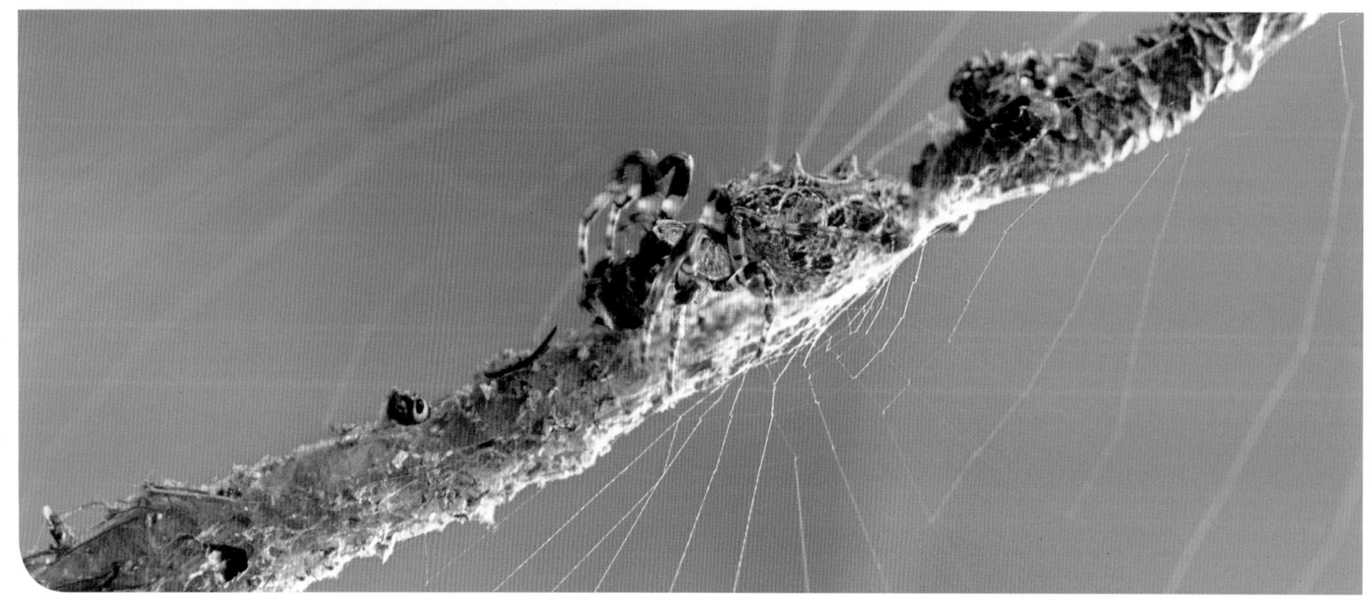

艾蛛　艾蛛会将掉落在蜘蛛网上的灰尘、食物残渣和细毛等收集起来，做成直线状装饰物放在圆网中间，然后将自己藏在里面。

黑寡妇蜘蛛 体型差不多是成人大拇指指甲盖的大小，虽然很小，但是毒性却很强。人们一旦被它咬上一口，有可能会死亡。

灌木新圆蛛 生活在草原或湿地里，身体呈浅褐色，结圆网。

跳蛛 长有两只巨大的眼睛，看起来就像戴着一副太阳镜。它们不吐丝织网，一旦发现猎物，则会“噌”地跳起来，扑向猎物。

捕鸟蛛 虽然它们长得很吓人，但是与恐怖的长相不同，它们性格比较温顺，所以常常被当作宠物来饲养。

这是蜘蛛中体型最大的捕鸟蛛，有的成年捕鸟蛛体长会超过20厘米。

星豹蛛 这种蜘蛛常常能在城市的公园、草地或者果园里看到。星豹蛛在产卵后会将卵袋挂着行动，完全长大的母蜘蛛体长一般8～10毫米，公蜘蛛体长一般小于8毫米。

常识小课堂

地球上生活着多少种蜘蛛？ 现在地球上生活的蜘蛛，仅已发现的就超过了4万种。但是因为很多蜘蛛体型很小，研究困难，所以到目前为止，还有很多蜘蛛无法区分种类。在中国大约有3800多种蜘蛛，分属于67个科。

大腹园蛛　多在庭院房前屋后及山洞和大石间织大型圆网，以捕飞虫为食。身上有黄褐色纹理。

三列隆头蛛　生活在小山坡或草原上。母蜘蛛全身是黑色，腹部背面有4个黄褐色的点。公蜘蛛的头是黑色，腹部背面是鲜红色，上面有4个黑色斑点。

黄褐狡蛛　生活在潮湿的地方，靠捕食小鱼或蝌蚪为生，因此也叫“捕鱼蛛”。

和蜘蛛一起玩吧！

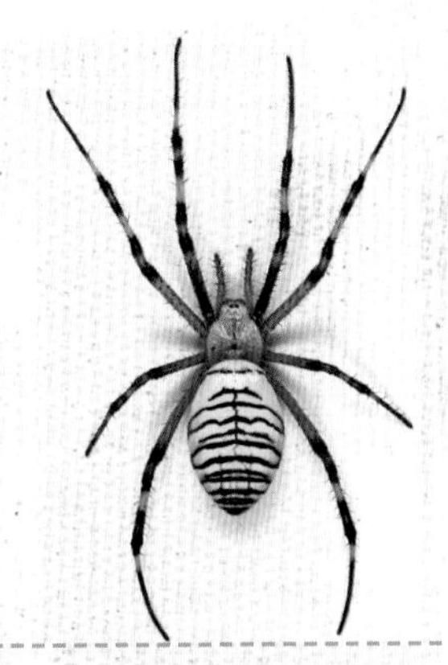

蜘蛛

蜘蛛是节肢动物，有8条腿，身体由头胸部和腹部两部分组成。大多数蜘蛛会吐丝织网，捕食被蜘蛛网缠住的昆虫，但是也有一些蜘蛛不需要织网，而是直接捕猎。捕到猎物后，蜘蛛会用螯牙刺穿猎物，往猎物身体里注入毒液，然后吸食猎物的体液。

悦目金蛛是如何织网的？

大家看到过圆形的蜘蛛网吗？细长的蜘蛛丝，不管是遇到刮风，还是缠住猎物，都不会轻易断裂，而且蜘蛛网的形状也精巧别致。那么让我们一起来了解一下，以编织最精美的蜘蛛网而闻名的悦目金蛛，是如何织出结实而漂亮的蜘蛛网的吧！

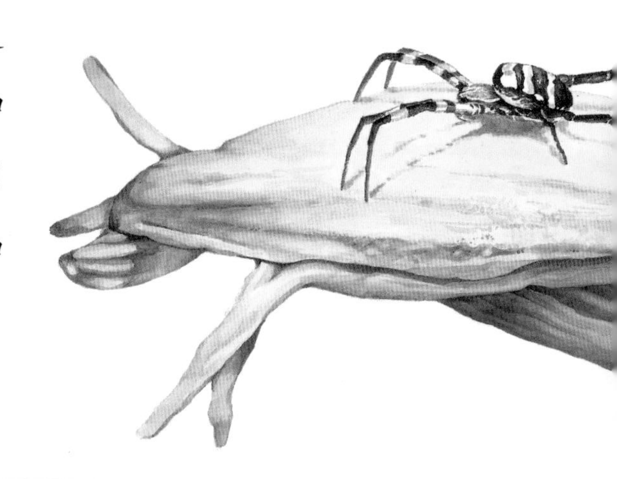

1. 搭建桥梁　悦目金蛛从腹部吐出一根丝，从一根树枝让纤细的蛛丝顺着风的方向飘去，缠住远处的另一根树枝，这样就会形成一个桥梁。

2. 抛锚　蜘蛛在这座桥上来回爬行并加固，然后向下吐丝，固定一根锚丝。

3. 拉放射丝（纵丝
蜘蛛从中心往外吐丝
用多条放射丝织出
一个骨骼框架。

悦目金蛛完成了直径约50厘米的漂亮蜘蛛网，然后在织好的网中生活，并捕捉被蜘蛛网缠住的昆虫作为食物。蜘蛛网既是悦目金蛛的家，同时也是它的捕猎场。

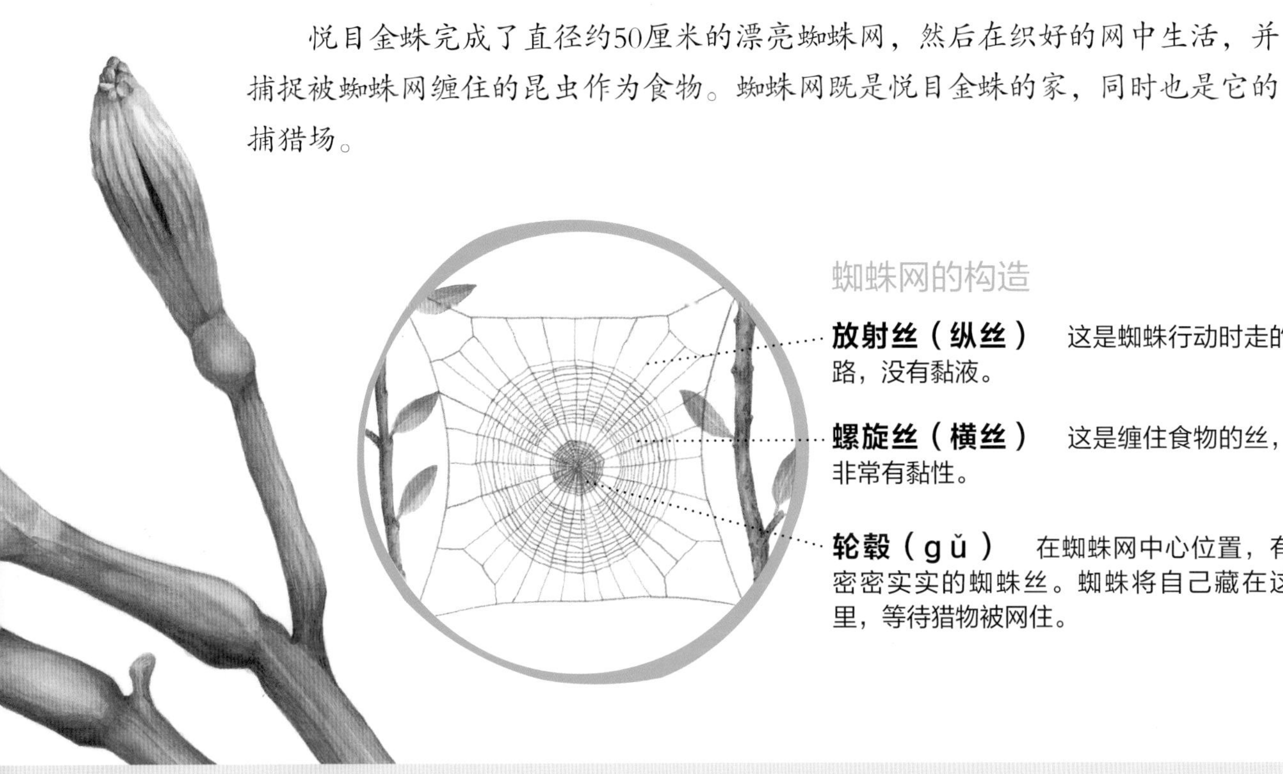

4. 织跳板丝　放射丝拉好后，蜘蛛再次来到网中间，从里往外逆时针方向织出较大较宽的圆，作为跳板。

5. 织螺旋丝（横丝）　跳板丝织好后，蜘蛛会从外往里编织出更密实细致的螺旋丝。至此，蜘蛛网大功告成。完成一个蜘蛛网，一般需要40～60分钟。

动物博物馆看蜘蛛

虽然蜘蛛的形象有点可怕，但是却能抓捕危害农作物的昆虫，我们应该感谢它们的存在。大家想对蜘蛛有更详细的了解吗？那么请去动物博物馆亲身感受学习一下吧。在那里，我们不仅能看到蜘蛛标本，还能看到各种各样的昆虫标本。

博物馆的内部概况 在这里可以学到很多蜘蛛的知识，还有可能触摸到包括世界最大的蜘蛛捕鸟蛛在内的各种蜘蛛标本。

昆虫标本及蜘蛛标本室 在这里，可以看到蝴蝶、飞蛾、锹甲、蜜蜂等昆虫的标本，以及各种蜘蛛的标本。

观察蜘蛛时这样做：

- 了解常见的蜘蛛种类。
- 观察一下蜘蛛有几条腿，身体构造是怎样的。
- 观察蜘蛛吃东西时的样子。
- 观察蜘蛛网的形状。

美术作品中出现的蜘蛛是什么样的呢？

蜘蛛是我们日常生活中经常能看到的动物，因为它们有吐丝织网的特殊本领，所以引起了人们极大的兴趣，并对它们展开了各种研究。此外，蜘蛛的形象被广泛运用到各种美术作品和小物件里，还被应用到了建筑物当中。

艺术作品中的蜘蛛

蜘蛛在很久以前就和人类建立了很深的联系，早在西班牙的古代岩画中就有所体现。在南美洲，秘鲁的纳斯卡遗址中出土了几幅约2000年前由纳斯卡人在地上所作的巨幅画作，其中就绘有蜘蛛。据说世界上曾经有一座佛寺，其构造就类似一只蜘蛛，从近处很难看出来，但是如果从几百米高的半空中往下看，则能清晰地看出来。

纳斯卡遗址的蜘蛛画作 这是秘鲁纳斯卡遗址出土的一幅蜘蛛的画作，有趣地描绘出了蜘蛛又细又长的腿。

法国的女雕塑家路易斯·布尔乔亚的雕塑作品《Maman》系列，则是通过雕刻出巨大的蜘蛛形象，表达出对母亲深深的爱意。“Maman”是法语“妈妈”的意思。据说路易斯被蜘蛛妈妈背着小蜘蛛、保护蜘蛛宝宝的本能所触动，为了表达母亲对子女伟大而深刻的爱，特意雕刻了这一系列作品。

《Maman》中的蜘蛛 图中是用青铜雕刻的《Maman》系列中的一个作品。这个作品曾经在多个国家进行展出。

生活中的蜘蛛形象

除了艺术作品，我们在生活中也常常能看到蜘蛛有关的形象。不仅在建筑物或者巨大的桥体构造中能看到，就连生活用品中也常常能看到蜘蛛以各种形象出现。例如，仿照蜘蛛网建造的大桥、房子墙面上贴着的巨大蜘蛛雕塑，另外，门环、面具、戒指等生活用品中也多处使用蜘蛛形象。

蜘蛛网形状的门环 门环的把手部位做成了蜘蛛网的形状。

韦伯桥（Webb Bridge） 澳大利亚维多利亚州墨尔本市雅拉河上矗立的桥，样子酷似蜘蛛网。

装饰有蜘蛛和昆虫雕塑的墙壁 房子的一面墙壁上装饰着蜘蛛和昆虫形象的巨大雕塑。

蜘蛛和昆虫有什么不同?

尽管蜘蛛外表看起来和昆虫很像，但是蜘蛛并不是昆虫。蜘蛛有8条腿，比昆虫多2条，而且没有翅膀。此外，昆虫的身体分为头、胸、腹三部分，但是蜘蛛只有头胸、腹两部分。另外，发育过程也不同，完全变态的昆虫从幼虫到成虫期间，外形有很大区别。但是蜘蛛从小到大在外形上没有显著的不同。

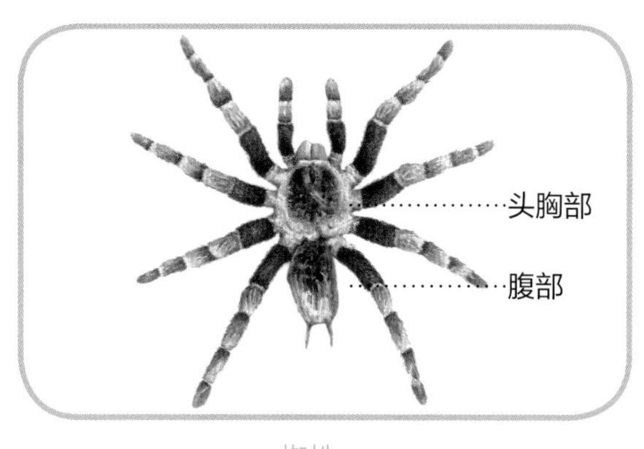

蜘蛛

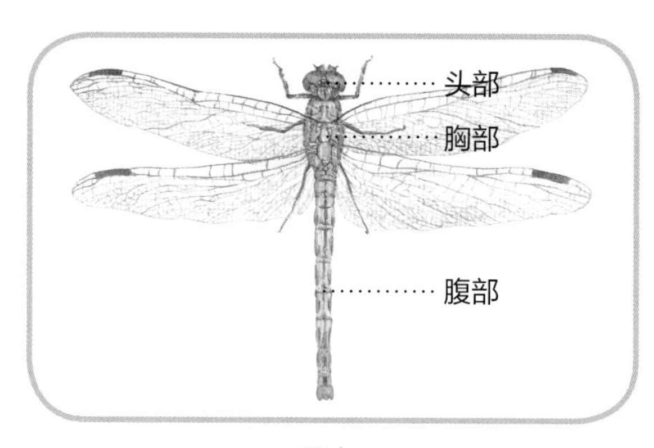

昆虫

蜘蛛丝有多结实?

比较粗细相同的钢丝和蜘蛛丝，人们发现蜘蛛丝比钢丝结实约5倍，比蚕茧中抽取的蚕丝结实约10倍。人们利用蜘蛛丝这种结实的特性，正在积极研究降落伞和防弹服中所需要的新纤维材料。

如何区分公蜘蛛和母蜘蛛?

蜘蛛宝宝不容易区分公母，但是成年的蜘蛛，可以轻易区分出来。通常，母蜘蛛比公蜘蛛的体型大。如果我们观察一对正在交配的蜘蛛，一般会发现母蜘蛛比公蜘蛛的个头更大。

真的有蜘蛛化石吗？

蜘蛛与昆虫不同，不仅种类数和个体数量较少，而且因为没有坚硬的外骨骼，很少能变成化石保存下来，所以蜘蛛化石还是极其少见的。2009年1月，韩国庆尚南道泗川市发现的一枚蜘蛛琥珀化石，引起了广泛热议。

发现蜘蛛琥珀化石的韩国泗川市有着1.9亿年前形成的地层，在那里人们发现了各种各样的昆虫化石，但是蜘蛛琥珀化石可以说还是第一次发现。我们期待，这块蜘蛛琥珀化石的发现，能对至今还不够深入的蜘蛛研究带来帮助。

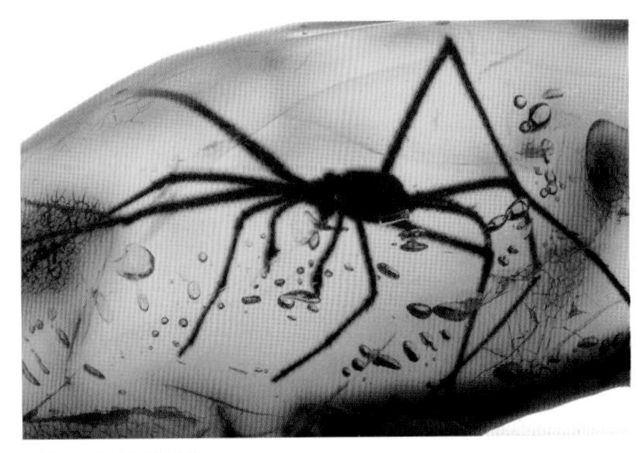

琥珀中的蜘蛛

蜘蛛的毒液到底有多厉害？

蜘蛛捕捉猎物时都是先用螯牙咬住猎物，利用毒液让猎物麻痹，可以说绝大多数蜘蛛都是有毒蜘蛛。但是，大多数蜘蛛的毒性虽然厉害到能夺去昆虫的性命，但是对人并不能造成大的影响，所以大多数蜘蛛对于人类来说并不是很危险。

然而，如黑寡妇蜘蛛和棕色隐遁蛛等蜘蛛，毒性非常大，人一旦被咬，就有可能丢掉性命。

蜘蛛的血是什么颜色？

蜘蛛的血是青绿色的，因为蜘蛛的血液中输送氧气的物质与人体不同。人体由一种名为血红蛋白的物质输送氧气，这种物质能让血液呈现红色。而蜘蛛则是由名为血蓝蛋白的物质输送氧气，血蓝蛋白能使血液呈现青绿色。

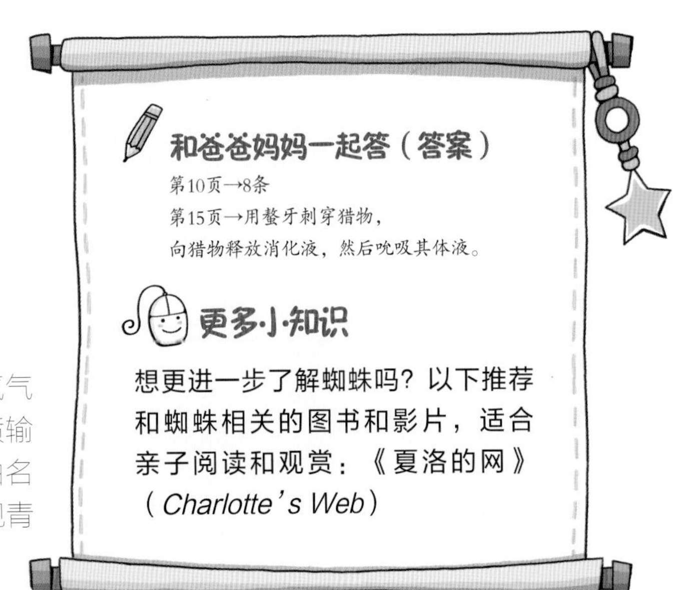

版权贸易合同登记号 图字：01-2020-1480

图书在版编目（CIP）数据

真实的大自然. 陆地动物. 3. 蜘蛛 / 韩国与元媒体公司著；胡梅丽，马巍译. -- 北京：电子工业出版社，2020.7
ISBN 978-7-121-39156-9

Ⅰ. ①真… Ⅱ. ①韩… ②胡… ③马… Ⅲ. ①自然科学－少儿读物②蜘蛛目－少儿读物 Ⅳ. ①N49②Q959.226-49

中国版本图书馆CIP数据核字(2020)第108218号

责任编辑：苏　琪
印　　刷：北京利丰雅高长城印刷有限公司
装　　订：北京利丰雅高长城印刷有限公司
出版发行：电子工业出版社
　　　　　北京市海淀区万寿路 173 信箱　邮编：100036
开　　本：889×1194　1/16　印张：17.5　字数：265.50 千字
版　　次：2020 年 7 月第 1 版
印　　次：2022 年 3 月第 2 次印刷
定　　价：234.00 元（全 6 册）

凡所购买电子工业出版社图书有缺损问题，请向购买书店调换。若书店售缺，请与本社发行部联系，联系及邮购电话：（010）88254888，88258888。
质量投诉请发邮件至 zlts@phei.com.cn，盗版侵权举报请发邮件至 dbqq@phei.com.cn。
本书咨询联系方式：（010）88254161 转 1882，suq@phei.com.cn。

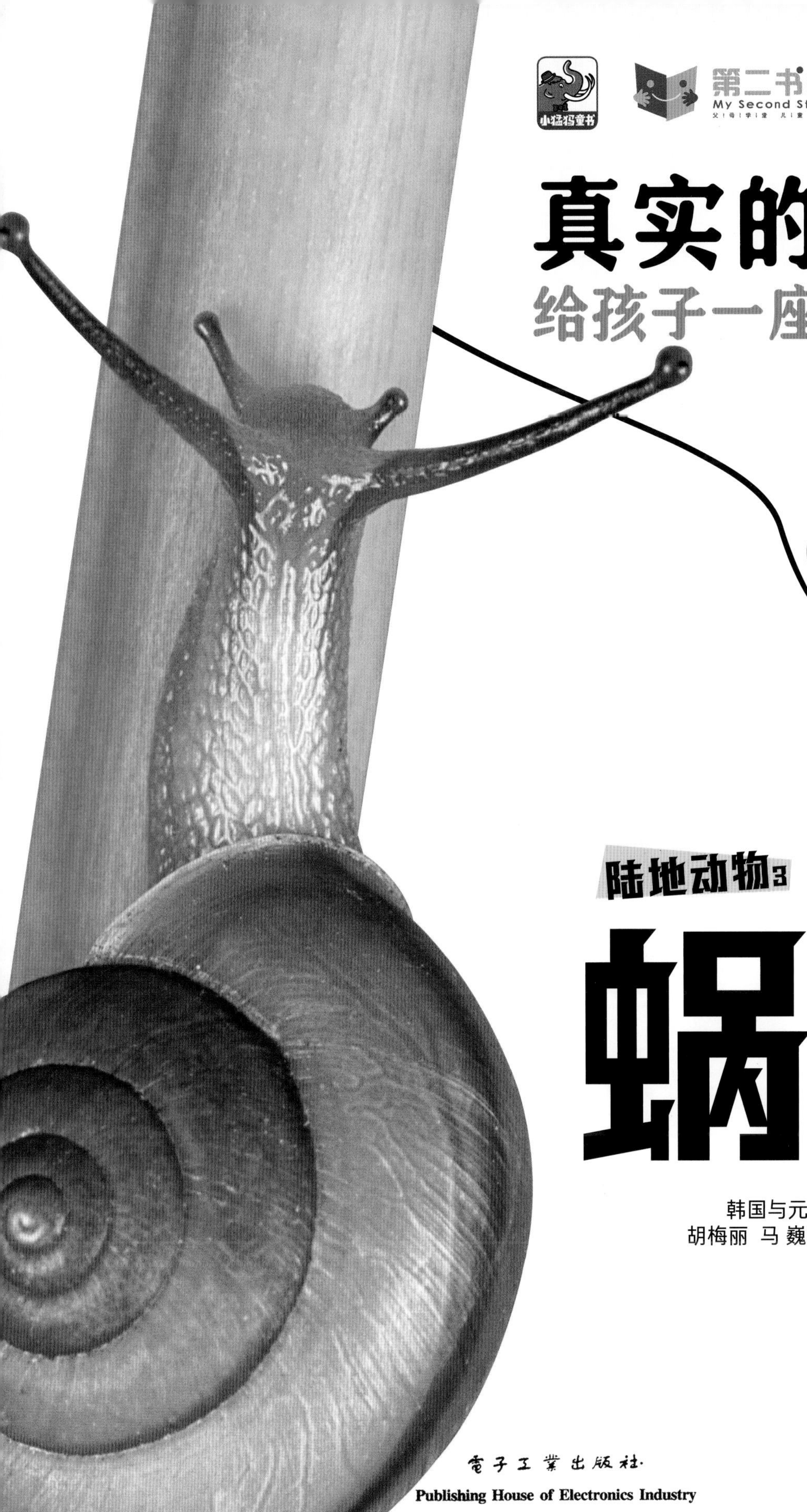

2020年度第八届
中国童书榜获奖童书

真实的大自然

给孩子一座自然博物馆

陆地动物3

蜗牛

韩国与元媒体公司 / 著
胡梅丽 马巍 / 译 常凌小 / 审

電子工業出版社
Publishing House of Electronics Industry
北京·BEIJING

带孩子走进真实的大自然

——送给孩子一座自然博物馆

大自然本身就是一座气势恢宏、无与伦比的博物馆。自然万象，展示着造物的伟大，彰显着生命的活力。我们在这样的自然奇观面前，心潮澎湃，敬畏不已。为人父母，没有人不愿意尽早地带孩子领略这座博物馆的奥秘和神奇！然而，这又谈何容易？一座博物馆需要绝佳的导游，现在，《真实的大自然》来了！

《真实的大自然》之所以好，至少有以下几方面：

一，真实。市面上，真正全面、真实地反映自然的大型科普读物并不多见。好的科普读物，首先必须建立在严谨的科学知识的基础上。现在，科学素养越来越成为一个人的立身之本。这套书，是多位世界级的生物科学家的“多手联弹”，4000 多张高清照片配合着精准有趣的文字描述，重现地球生命的美轮美奂。长颈鹿脖子有多长？鸵鸟有多大？都用 1:1 的比例印了出来！当孩子打开折页，真实的大自然变得伸手可及。

二，诚挚的爱心。大自然并不是一座没有感情的机器，每一种动物，都有自己充满爱心的家庭，每一个小生命毫无例外，都得到了深深的关爱与呵护。这种爱心，甚至遵循着无差别的平等伦理，家庭成员相互之间也是无差别的友爱。比如，大象宝宝掉到泥池中，它的三个姐姐又是拽又是推，愣是把弟弟救上岸。大象姐姐不幸离世，弟弟还用鼻子摸一摸姐姐，久久不愿离去；离开前，所有大象还用树枝默默地覆盖住尸体加以保护。过了很久它们还会再回来祭奠。这是多么神奇的生命教育课！

三，童趣十足。这套书貌似“硬科普”，但语言亲切、质朴，充满情趣，不急不躁，耐心地从孩子的角度使用了孩子的语言，与孩子产生共鸣。比如：“哇！是蚜虫，肚子好饿啊，我要吃了。”“你是谁呀？竟然想吃蚜虫！”“哎呀！快逃！这里的蚜虫我不吃了。”“亲爱的瓢虫小姐，请做我的另一半吧！”“嗯，我喜欢你。我可以做你的另一半。”充满童趣的故事和画面贯穿全书始终。

四，画面震撼、生气盎然。每本书都会有一个特别设计的巨幅大拉页，使用一系列连续的镜头把动植物的生命周期完整重现出来。孩子从这些连续的图中，可以感受到大自然中每一个生物叹为观止的生命力。比如，瓢虫成长的 14 幅图加起来竟然有 1.25 米长！

五，精湛的艺术追求。艺术是人类的创造，然而艺术法则的存在在自然界却是普遍的事实。每一个生命中力量的均衡、结构的和谐、情感的纯朴、形象的变化，都气韵生动地展示出自然世界的艺术性力量。难能可贵的是，主创人员通过语言描述和视觉呈现，将这种艺术性逼真地表达了出来，激荡人心。

六，最让人感念的是无处不在的教育思维。虽然书中有海量的图片，但是仔细研究发现，没有一张图是多余的，每张图都在传递着一个重要的知识点。摄影师严格根据科学家们的要求去完成每一张图片的拍摄，并不是对自然的简单呈现，而是处处体现着逻辑严谨、匠心独具的教学逻辑。对每种生物都从出生、摄食、成长、防卫、求偶、生养、死亡、同类等多个维度勾勒完整的生命循环，呈现生物之间完整的生态链条。主创团队是下了很大的决心，要用一堂堂精美的阅读课，召唤孩子的好奇心和爱心，打好完整的生命底色，用心可谓良苦。

跟随这套书，尽享科学之旅、发现之旅、爱心之旅、审美之旅，打开页面，走进去，有太多你想象不到的地方，让已为人父母的你也兴奋不已。我仿佛可以看到，一个个其乐融融地观察和学习生物家庭的人类小家庭，更加为人类文明的伟大和浩荡而惊奇和感动！

让我们一起走进《真实的大自然》！

李岩

第二书房创始人 知名阅读推广人

审校专家

张劲硕 科普作家，中国科学院动物研究所高级工程师，国家动物博物馆科普策划人，中国动物学会科普委员会委员，中国科普作家协会理事，蝙蝠专家组成员。

高　源 北京自然博物馆副研究馆员，科普工作者，北京市十佳讲解员，自然资源部“五四青年”奖章获得者，主要从事地质古生物与博物馆教育的研究与传播工作。

杨　静 北京自然博物馆副研究馆员，主要研究鱼类和海洋生物。

常凌小 昆虫学博士后，北京自然博物馆科普工作者，主要研究伪瓢虫科。

秦爱丽 植物学专业，博士，主要从事野生植物保护生物学研究。

树叶上凝聚着
一颗颗小雨滴，
蜗牛在滑溜溜的叶子上爬行。

蜗牛为何不会从叶子
上掉下来呢？

背着螺壳生活

“我不用盖房子，我的房子在背上。”
蜗牛背上光滑的螺旋壳，
就是它的房子，
有圆锥形、陀螺形、宝塔形，
每种蜗牛壳上的纹路和颜色都不一样。

大部分蜗牛的壳是螺旋状，有着一圈一圈的纹路。不同种类的蜗牛，壳的形状和颜色也不一样。

“嘿咻，得加快脚步才行。”

背着壳的蜗牛慢慢爬行。

不论是在滑溜溜的茎上、轻飘飘的叶子上，

还是在粗糙的树干上，它都不会掉下来。

平稳地爬行　蜗牛不论是在叶子、树干，还是在细小的草叶上爬行，都不会掉下来。

爬行在树枝上 蜗牛就算在粗糙的树枝或石头上爬行也不会受伤，总是慢慢、稳稳地前进。

爬行在尖刺上 蜗牛即使在有刺的植物上爬行也没问题。

常识小课堂

蜗牛在哪里生活呢？ 蜗牛喜欢水气，多生活在潮湿的地方，例如：草地、落叶堆积处、腐烂的木头下等。

我就长这个样子

“我的身体没有骨头，只有软软的肉。”
蜗牛用腹部来爬行，因此称之为腹足。
只要有蠕动的腹足，就可以到任何地方。
大部分蜗牛有一对大触角和一对小触角，
少数蜗牛只有一对触角。

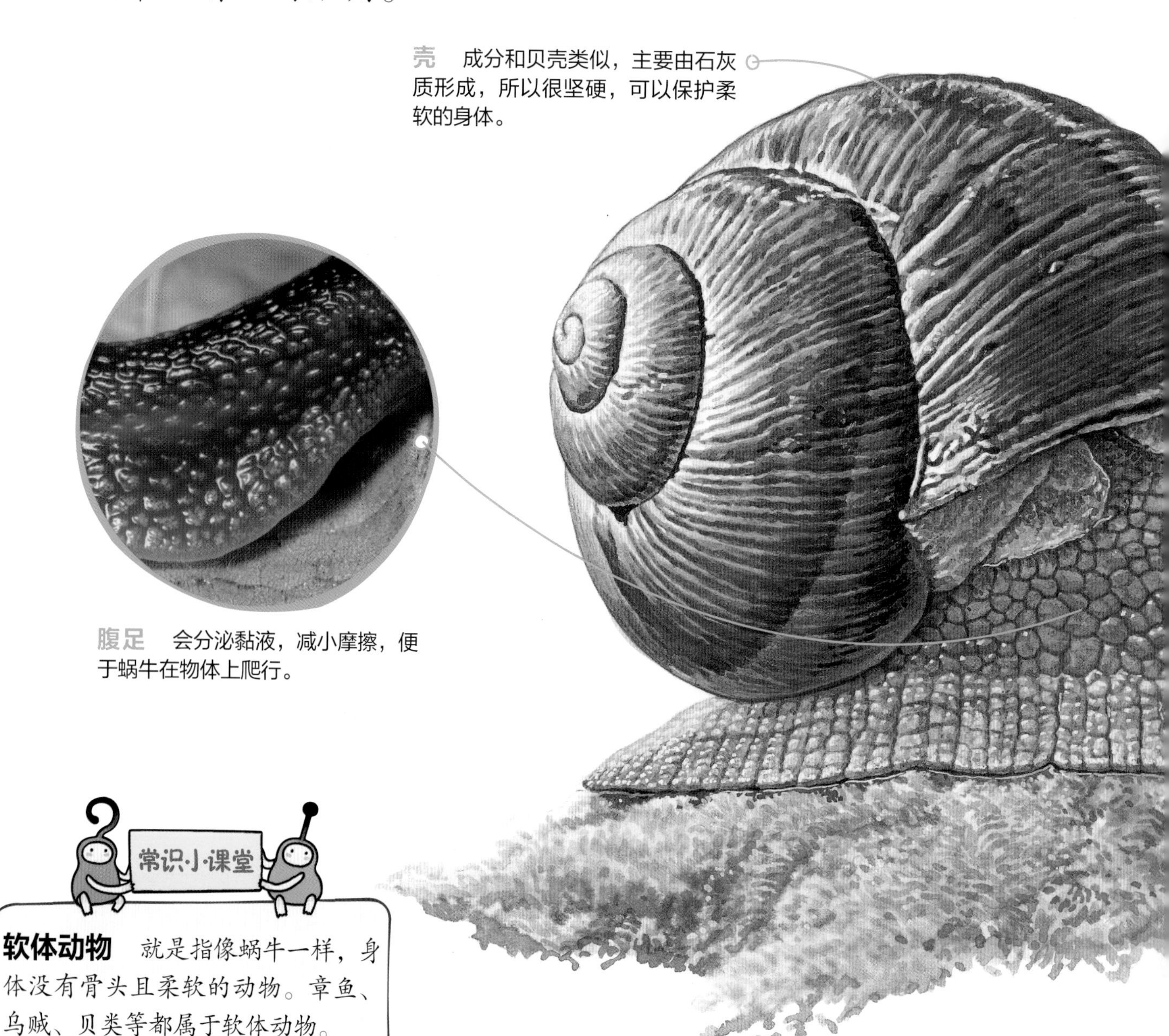

常识小课堂

软体动物　就是指像蜗牛一样，身体没有骨头且柔软的动物。章鱼、乌贼、贝类等都属于软体动物。

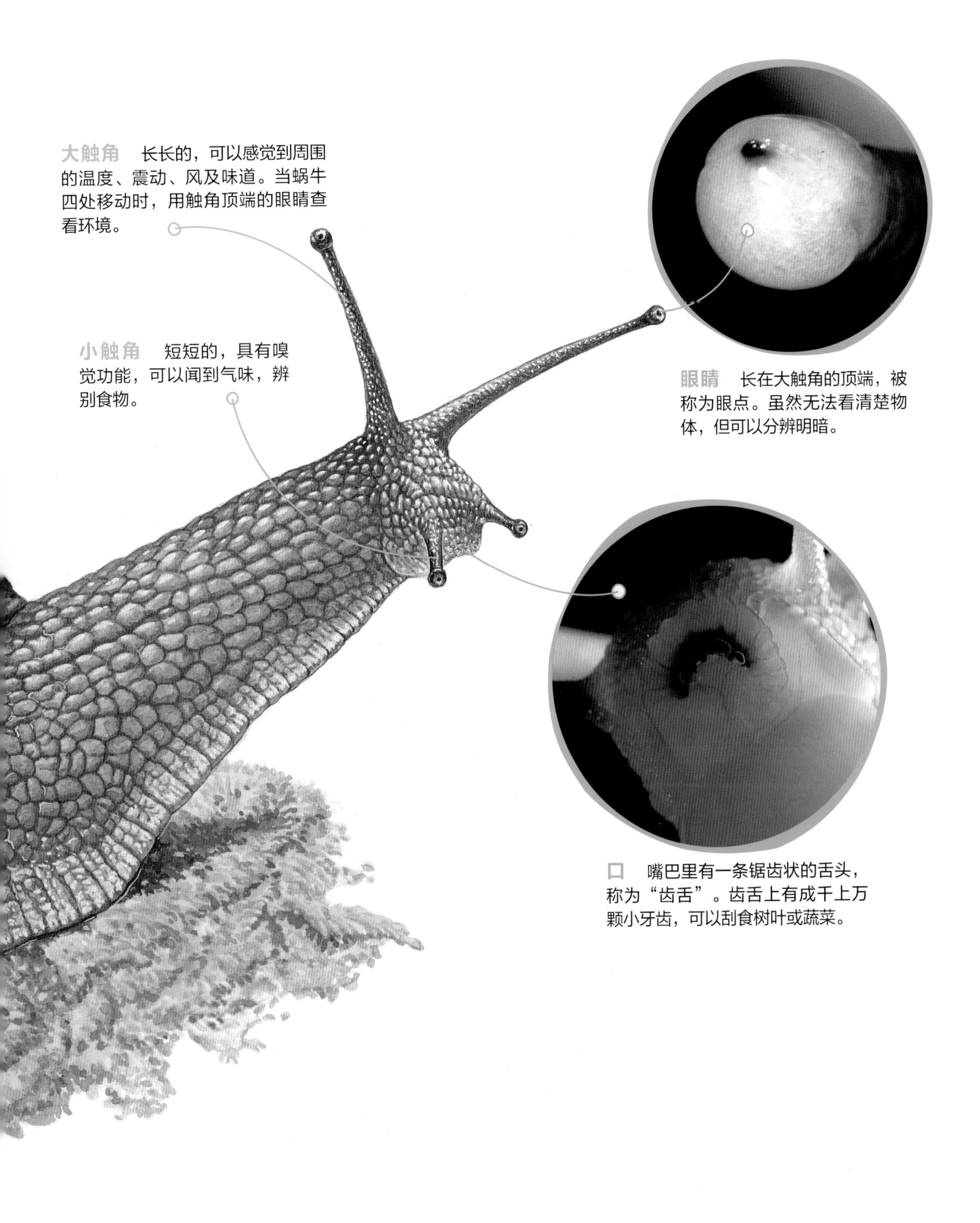
大触角　长长的，可以感觉到周围的温度、震动、风及味道。当蜗牛四处移动时，用触角顶端的眼睛查看环境。
小触角　短短的，具有嗅觉功能，可以闻到气味，辨别食物。
眼睛　长在大触角的顶端，被称为眼点。虽然无法看清楚物体，但可以分辨明暗。
口　嘴巴里有一条锯齿状的舌头，称为“齿舌”。齿舌上有成千上万颗小牙齿，可以刮食树叶或蔬菜。

光滑好用的腹足

“只要蠕动腹足，就可以到我想去的地方。”
蜗牛的腹足不仅会分泌黏液，方便爬行，
还能抓牢茎干，倒挂悬吊时也不会掉下来。
只要伸长腹足，就可以跨过间隙继续前进。

蜗牛经过的痕迹 蜗牛的腹足会分泌滑滑的黏液，因此它经过的地方会留有黏液。

伸长腹足移动 蜗牛的腹足可以延长伸展，在距离大于身体长度的树叶之间移动。

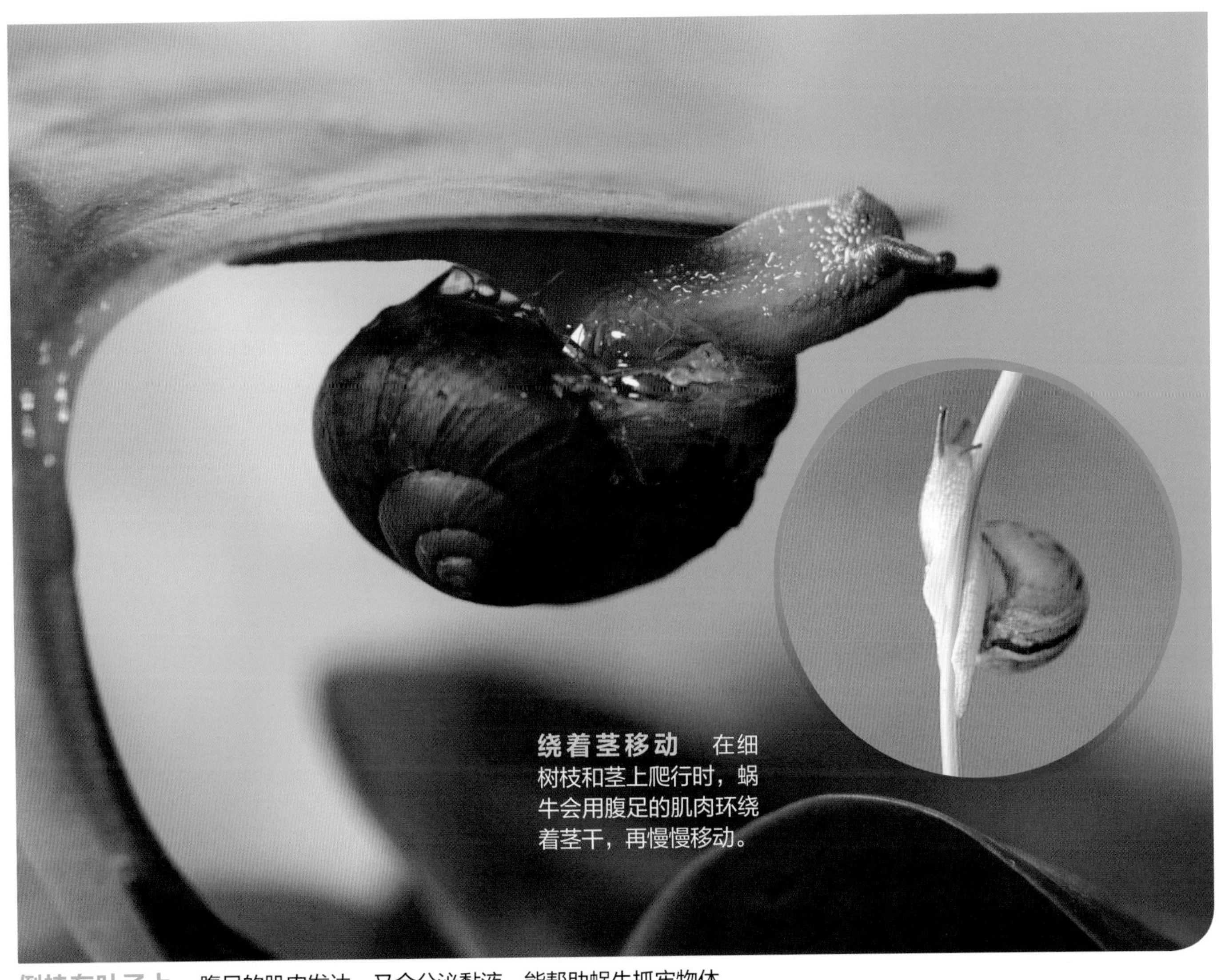

绕着茎移动 在细树枝和茎上爬行时，蜗牛会用腹足的肌肉环绕着茎干，再慢慢移动。

倒挂在叶子上 腹足的肌肉发达，又会分泌黏液，能帮助蜗牛抓牢物体，即便倒挂在光滑的叶片上也不会掉下来。

吃饭时间到了

蜗牛肚子饿时，会转动触角四处寻找食物，
“这里有好多我喜欢的树叶。”
进食时，蜗牛会把腹足摊开来，
贴附在食物上，尽情用齿舌刮取食物。

找寻食物 蜗牛用大触角四处打探，再用小触角闻味道来找食物。

刮食叶子 蜗牛摊开腹足，牢牢地贴附在食物上，再用嘴巴里的齿舌刮取食物。

排便 蜗牛用壳内的肛门排便。肛门的开口处，有外套膜覆盖着，粪便最后从壳口排到体外。

蜗牛喜欢的食物有哪些？ 大部分的蜗牛以树叶或蔬菜为主食，在蔬菜中特别喜欢吃又软又甜的菜。另外，它也喜欢吃腐烂的落叶、蕈（xùn）类，还喜欢吃散发甜味的软质果实。

吃饱的蜗牛排出了又细又弯的大便，由于蜗牛进食时，无法吸收食物中的色素，因此它们的排泄物存在这样的情况："我的大便颜色跟吃下去的食物颜色一样哦！"

食用白色花朵 蜗牛食用了白色的花，大便就呈现白色。

食用红色果实　蜗牛食用了红色的果实，大便就呈现红色。

食用绿色蔬菜　蜗牛食用了绿色的蔬菜，大便就呈现绿色。

寻找另一半

雨季来临，蜗牛为了找对象纷纷走出来。
大多数的蜗牛不分雌雄，
只要和另一只蜗牛交配后，就可以产卵。
它们用触角闻味道找到对象，
身体黏在一起，交配后分开。

交换精子 交配时，用触角后方的白色长管，互相插入对方的生殖孔，再交换精子。

交配 蜗牛互相紧贴对方的身体，进行交配。

产卵 交配完成后，蜗牛会挖掘潮湿的土壤来产卵。产卵完成后，会用土壤覆盖住卵。

吃着美味的食物，蜗牛宝宝渐渐长大。
一圈圈的螺旋纹路也逐渐增加。

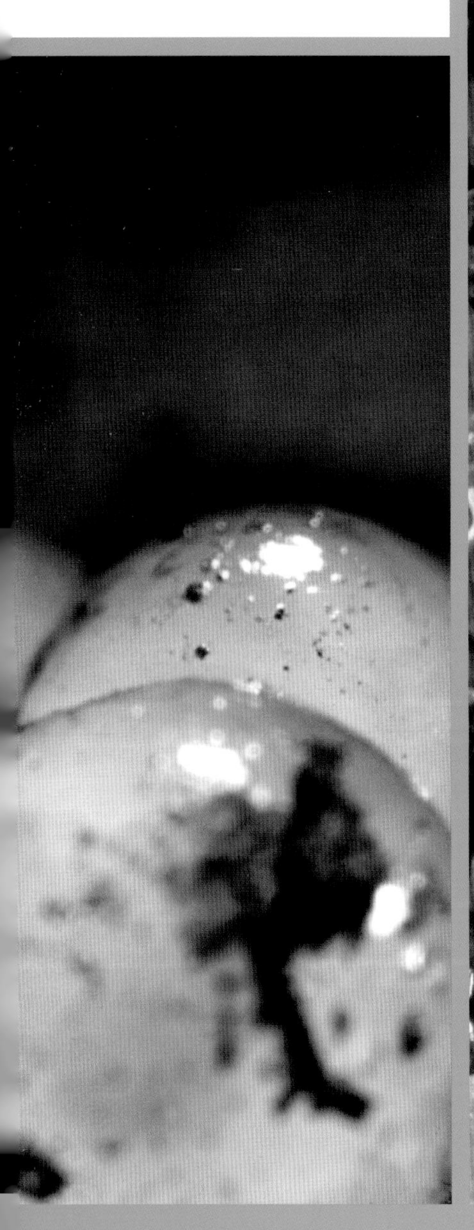

蜗牛宝宝完全脱离卵壳出来了。此时，蜗牛宝宝的壳非常薄，螺旋纹路只有1圈半。

蜗牛宝宝成长记录

在土壤中的卵里，出现了蜗牛宝宝。
蜗牛宝宝把卵壳咬出一个小洞，
它先伸出触角，最后再整个脱离卵壳。
“我很小，但是长得和妈妈一模一样。”
“我也有滑溜溜的壳和触角。”

01

宝宝的卵壳很薄，可以看到内部。
蜗牛宝宝食用壳里面的卵黄长大。

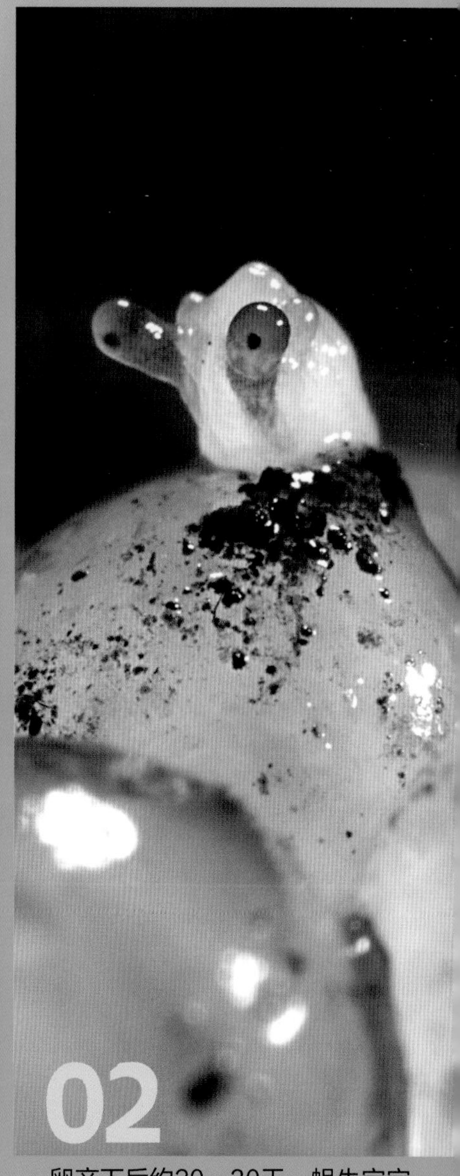

02

卵产下后约20～30天，蜗牛宝宝探出头来。

和壳一起长大　蜗牛的壳在成长过程中会渐渐变大，壳上螺旋纹路的圈数也会逐渐增加。

脱离卵壳约1个月左右，蜗牛壳的螺旋纹路增加到2圈半，3～4个月时会增加到4圈。在成长过程中，壳也渐渐变得厚实坚硬。

蜗牛成熟时，壳的螺旋纹路增为5圈。

破壳而出的蜗牛宝宝，拨开原本覆盖在卵上的土壤，
爬到地面上找食物。

开始进食后，蜗牛宝宝渐渐长大。

喜欢潮湿的水气

夏天时，蜗牛身体里的水分大量散失，
所以它会躲到阴凉处，
把身体缩到壳里，等待下雨。
雨停后，蜗牛开心地爬行在潮湿的植物茎上。

雨后 蜗牛身体里的水分若过度散失，会没办法生存。所以，它在任何时候都要保持身体的滋润，而下雨之后就是蜗牛最活跃的时候。

夏眠　在炎热的夏季，为了不让身体里的水分过度散失，蜗牛会把身体缩在壳里，并黏附在叶子背面、树枝间或岩石缝里，进行夏眠，等待下雨。

敌人出现了！

“可怕的敌人来了！快把身体藏起来。”
动作缓慢的蜗牛有很多敌人，
敌人出现时，它会赶紧把身体藏到壳里。
不过，如果遇到甲虫锐利的大颚（è）和鸟的尖喙（huì），
恐怕就躲不掉了。

喷出黏液 有些蜗牛遇到敌人时，会喷出像泡泡一样的黏液。

甲虫啃食蜗牛 拥有坚固锐利大颚的甲虫，是蜗牛最惧怕的天敌，它有力的大颚可以毁坏蜗牛的壳。

栗耳鹎（bēi）捕捉蜗牛 栗耳鹎用尖喙捕捉蜗牛，喂食幼鸟。

我要冬眠了

冬天来临，天气变冷。

“好冷哦！到温暖的落叶下冬眠吧！”

蜗牛把身体缩在壳里冬眠，

它不吃任何东西，等待温暖的春天到来。

冬眠 寒冷的冬天来临时，蜗牛会爬进落叶堆里或是石头下，把身体缩进壳里冬眠。

分泌白色黏膜　蜗牛在冬眠和夏眠时，会在壳的开口处分泌含有石灰质成分的白色黏膜以隔绝外部，仅留一个可以让空气流通的小孔。这个小孔在吸满空气时会关闭，等到空气不够时再打开。

蜗牛为什么需要夏眠和冬眠？

蜗牛喜欢潮湿，但夏天的阳光非常炽热，身体的水分容易散失，而冬天的气候太过寒冷，蜗牛难以生存。因此，为了避开酷夏的热气与干燥，防止在严冬时身体冻结，蜗牛会将身体缩在壳里睡觉。

我们都是一家人

根据居住地的不同，不同的蜗牛在外形上差异很大，
身体的颜色和螺壳的花纹、颜色都不一样。
有壳上有毛的蜗牛，还有无壳的蜗牛。

勃艮（gèn）第蜗牛 原产于欧洲中部。可以当作食物，是法式料理中常用的食材。

低腰盾蜗牛 螺塔较低，壳扁平，表皮有毛，常栖息于落叶堆中。

蛞蝓（kuò yú） 蛞蝓是指背上没有壳的蜗牛，身体比一般有壳的蜗牛更长。外套膜覆盖着全身，以保护柔软的身体。

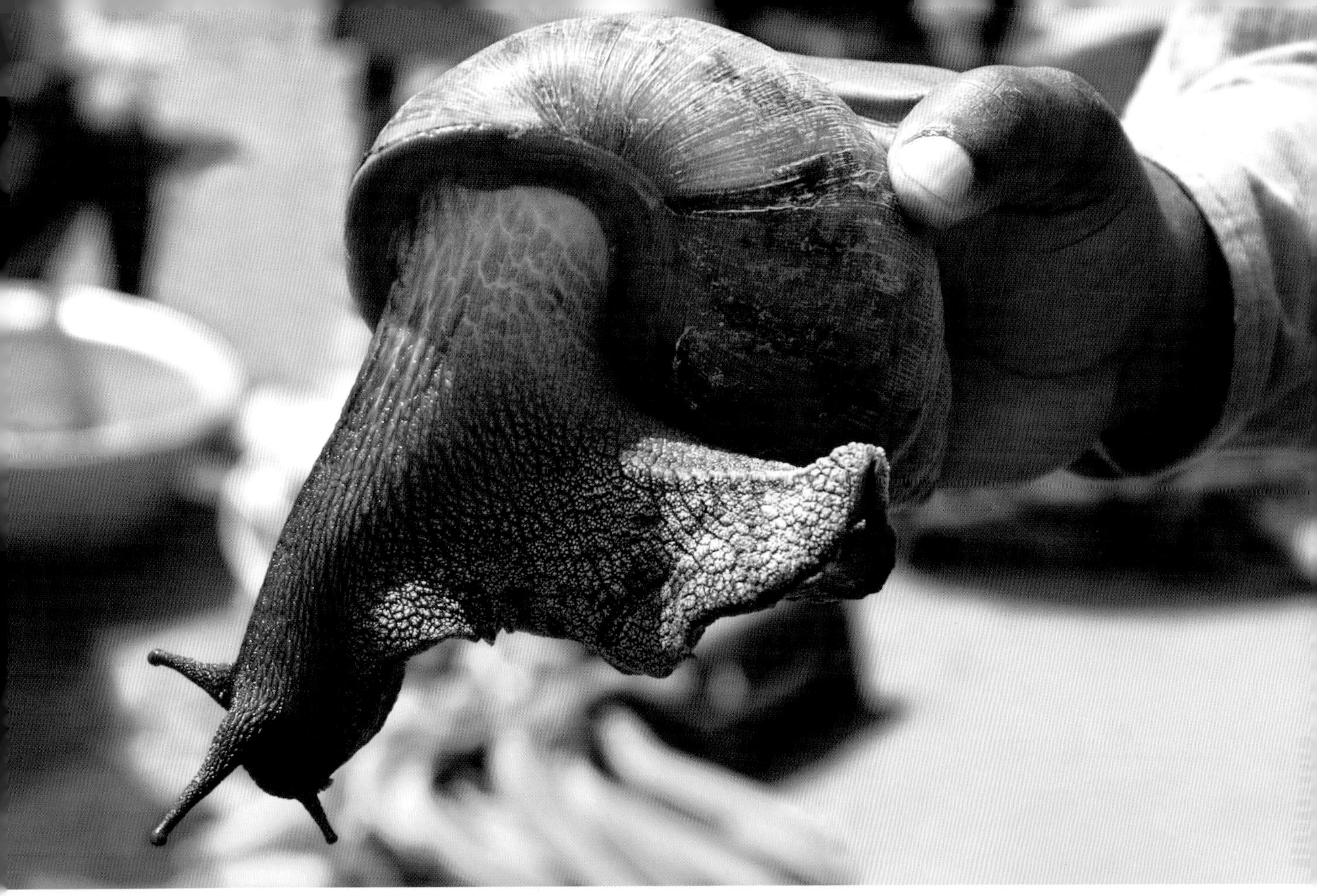

非洲大蜗牛　这种体型非常大的蜗牛原产于非洲东部，是中国首批16种外来入侵物种之一，对蔬菜等农作物危害极大。

白唇蜗牛　又名花园蜗牛，主要分布在欧洲。壳的颜色大部分呈现黄色，有螺旋条纹。

树蜗牛　可在美国佛罗里达地区发现其踪迹，生活在树上，螺壳像尖塔。

我们都是亲戚

福寿螺、海螺、海蜷（quán）、川蜷等动物，
虽然生活的环境跟蜗牛不一样，
但它们同样都背着壳，用腹足移动。

福寿螺　生活在池塘或水田的淡水环境。

海螺　生活在海里。壳又厚又硬，有口盖。

海蜷　在泥滩或河口的沙地群聚生存。

川蜷　在水深且水流湍急的河川、湖泊及岩石缝里生存。

和蜗牛一起玩吧！

蜗牛

蜗牛是没有骨骼的软体动物，利用腹足爬行。如果身体干燥缺水就无法存活，主要在下雨天以及凉爽的夜晚出没；阳光普照的白天会在阴凉处休息，或是躲在壳里完全不动。大部分蜗牛不分雌雄，而不同个体需要相互交配后才能产卵。

从卵里孵化出来的小蜗牛在成长过程中，壳会渐渐变硬，螺旋纹路圈数也会逐渐增加。

蜗牛为什么喜欢潮湿的环境?

天气炎热时，蜗牛会一动也不动地躲在壳里。下过雨后，它们会将触角伸出来，精神抖擞地到处爬行。为什么蜗牛喜欢潮湿的环境呢?

蜗牛的演变

蜗牛的祖先，大约出现在5亿5千万年前，像鲍鱼或海螺一样生活在海里。其中一部分经过长时间的演化，为了寻找食物来到海水和淡水交界的地方，后来又爬到陆地上，就演变成现今的蜗牛。不过，即使是在陆地生活，蜗牛至今依旧保有祖先在海里生活的习性，那就是喜欢潮湿的地方。

蜗牛的祖先
原先生活在海里，其中一部分爬到陆地上生活，逐渐演化成为现今的蜗牛。

蜗牛的呼吸

曾经在海里生活的蜗牛，爬到陆地上之后，有些器官渐渐发生了改变。蜗牛在海里生活时利用鳃呼吸，但是到陆地上生活时，鳃就渐渐消失，取而代之的是在壳里生成一层名为外套膜的薄膜。蜗牛的肺血管密布在外套膜上，并形成肺室，功能就像人体的肺。因此，今日在陆地上生活的蜗牛不是用鳃呼吸，而是用肺呼吸。

喜欢水分的蜗牛，到了水里会发生什么事呢?

即使再怎么喜欢水分，蜗牛到了水里也会淹死。因为它们没有鳃，在水里没有办法呼吸。不过，蜗牛的身体一定要保持某种程度的潮湿才能生存哦!

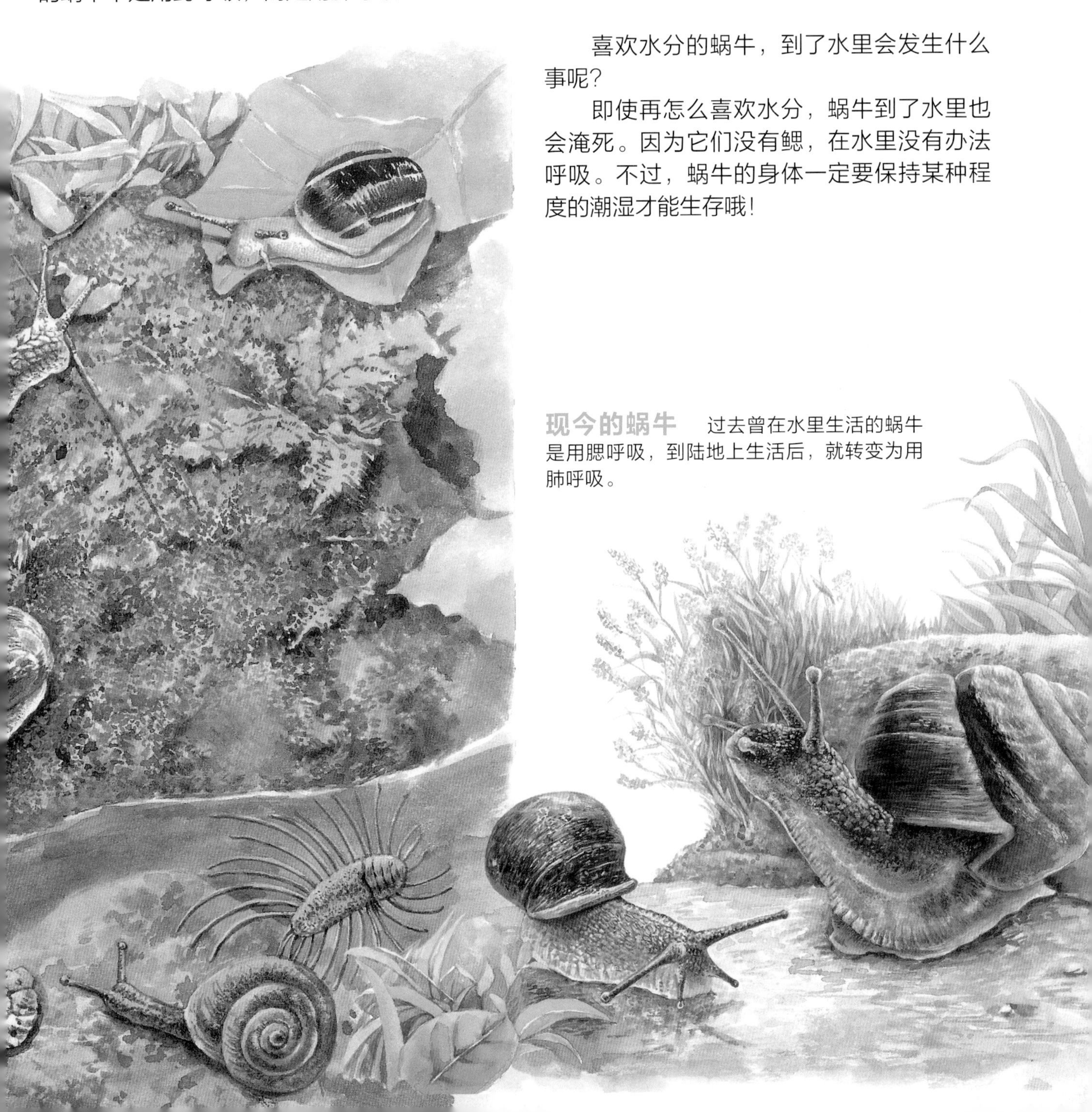

现今的蜗牛 过去曾在水里生活的蜗牛是用腮呼吸，到陆地上生活后，就转变为用肺呼吸。

一起饲养蜗牛

你曾经在雨后见过蜗牛爬行在潮湿的叶子上吗？蜗牛伸长小巧可爱的触角四处探索，用腹足缓缓蠕动到处爬行，那模样实在太可爱了！现在就来看看如何照顾它吧。

需要准备的材料

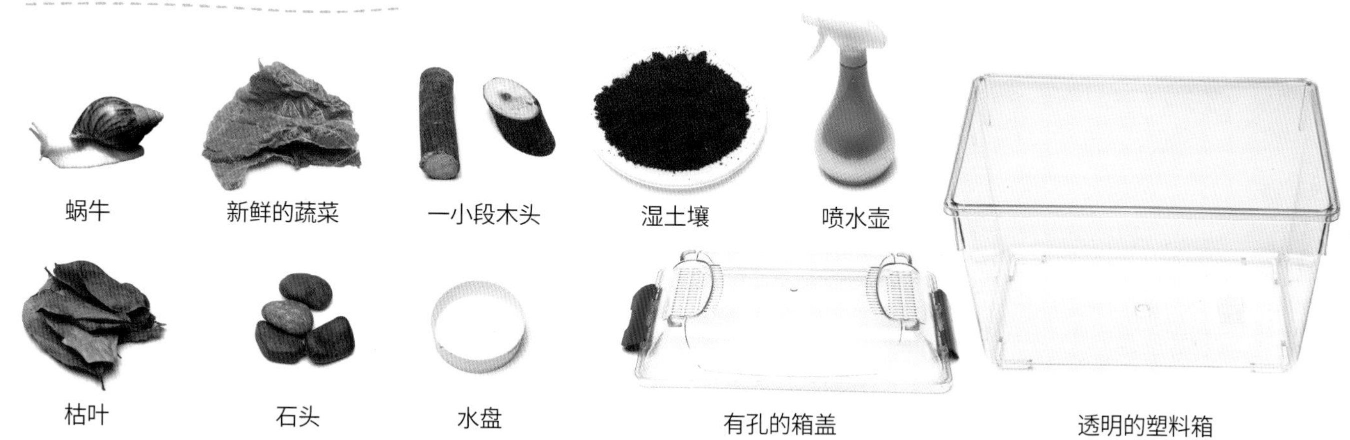

动手养蜗牛吧！

1 在透明的塑料箱里铺上4～5厘米厚的湿土壤。

2 在土壤中，放置可以让蜗牛躲藏的木头和石头。

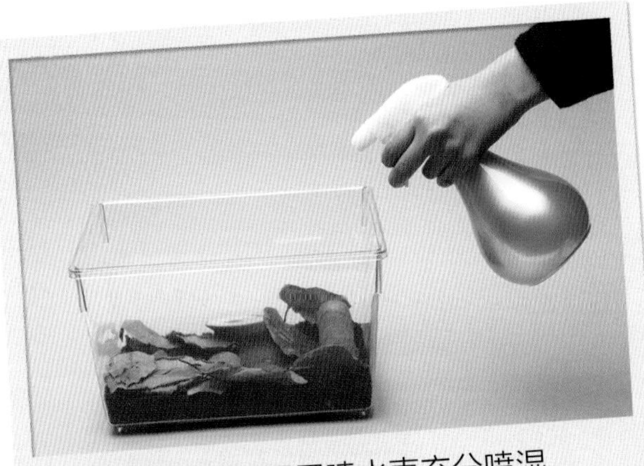

3 铺上枯叶，再用喷水壶充分喷湿。

4 放置新鲜的蔬菜和水盘，给蜗牛食用。

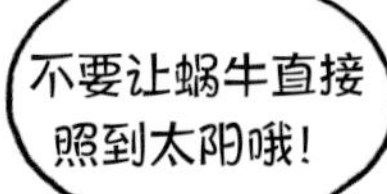

5 小心地将蜗牛放入透明的塑料箱。

6 将有孔的箱盖盖上，放到阴凉的地方观察。

饲养蜗牛的注意事项

- 塑料箱里的土壤，要常用喷水壶喷湿，保持土壤潮湿。
- 塑料箱的盖子要紧紧盖上，水分才不容易流失。
- 因为蜗牛大多是夜行性动物，所以记得要在下午喂食。
- 先把前一天剩余的食物清理干净，再放入新的食物。
- 适时提供蛋壳给蜗牛食用，蜗牛的壳才会变得坚硬。
- 蜗牛排出的粪便要马上清理掉。
- 白天记得要把饲养箱移到阴暗处。
- 摸过蜗牛后，一定要把手洗干净。

提供多样食物

为了让蜗牛营养充足，最好经常更换食物，新鲜的蔬菜和水果都可以。要记得所有食物要彻底清洗，以免蜗牛食用到果蔬上的农药哦！

艺术作品里的蜗牛

有人认为背上背着壳生活的蜗牛很可爱，也有人觉得这种形象是指背着沉重负担的人。但对蜗牛而言，壳不是负担，而是保护它们免于敌人攻击的大功臣。壳虽然坚硬，藏在里面的身体却很柔软，这样的蜗牛在艺术作品里是什么模样呢？

朱塞佩·阿尔钦博托的奇特画作

朱塞佩·阿尔钦博托是意大利文艺复兴时期的画家，出生于1527年，他年轻时就开始参加米兰大教堂的设计工作，凭借着卓越的绘画技巧及超乎常人的想象力，成为了成功的宫廷画家。

实际上，朱塞佩·阿尔钦博托不仅仅是一位画家，他多才多艺，建筑设计、舞台设计、水利工程、服装设计等都难不倒他。除了研习艺术，他也喜欢研究自然生态、哲学、神秘事物等。

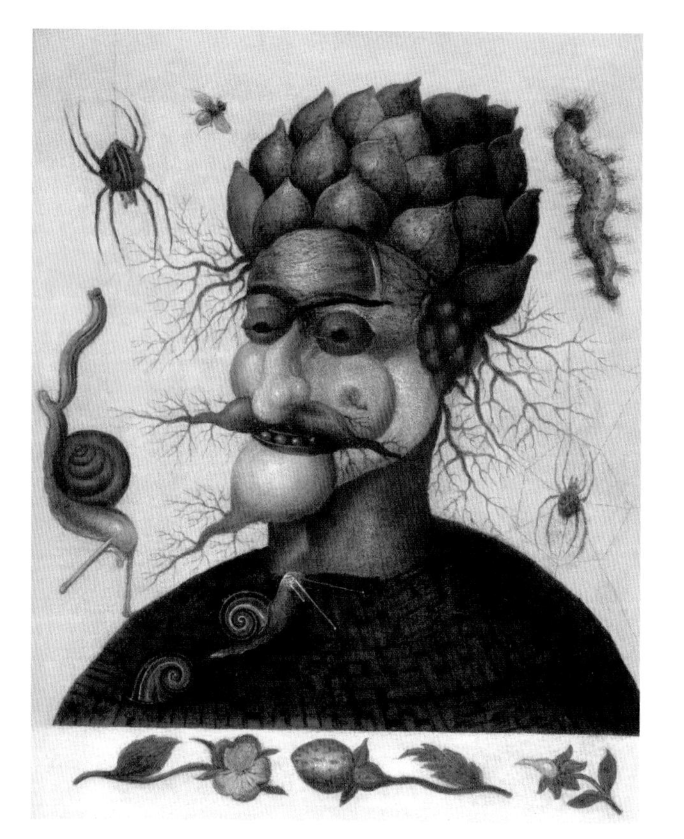

朱塞佩·阿尔钦博托创作领域相当广泛，包括设计、建筑、雕塑及绘画。其中，最具代表性的是利用果蔬、动物、花等，创作出一幅幅人物肖像，非常古怪又具有独创性。在他的作品中，最著名的是表现四季的《春》《夏》《秋》《冬》，以及古希腊人认为组成宇宙的四大元素《水》《火》《气》《土》肖像画系列。

用自然元素组成的肖像画

朱塞佩·阿尔钦博托在画作中呈现出蜗牛、蜘蛛、树根、花等静物，非常有趣！不妨找找看这些静物组成了人物中的哪些部位。

建筑物和生活用品里的蜗牛

很多建筑物都采用蜗牛壳上的螺旋花纹来设计，代表性建筑就是美国纽约的古根海姆博物馆，它是以仿蜗牛造型而闻名世界的建筑物。

古根海姆博物馆1943年由美国建筑师赖特设计，于1959年建成。这栋外观和蜗牛相似的建筑，没有阶梯，以通风良好的天窗为中心，设计上采用如蜗牛壳一样一圈圈环绕而上的螺旋线结构。

除了螺旋壳之外，蜗牛可爱的外形也常被用在招牌或雕刻品上。

内部 没有阶梯的设计，只有一圈圈回转上升的走道，由下往上看，就像是蜗牛壳的螺旋纹路。

蜗牛造型的雕刻品 这是17世纪欧洲所制作的手工艺品。使用黄金、红宝石、绿宝石等珠宝装饰，盖子的把手以蜗牛的造型雕刻而成。

慢食招牌 慢食和即食、速食不同，慢食是指把食物用缓和的步调去烹煮和食用。行动缓慢的蜗牛，被当成慢食的象征。

蜗牛壳的螺旋方向都一样吗?

每种蜗牛壳上的螺旋方向不一定相同。壳纹往顺时钟方向旋转的称为“右旋”，壳纹往逆时钟方向旋转的称为“左旋”。也可以根据壳口的位置判断左旋或右旋：将壳顶朝上，壳口朝向自己，壳口在右边的就是右旋，壳口在左边的就是左旋。

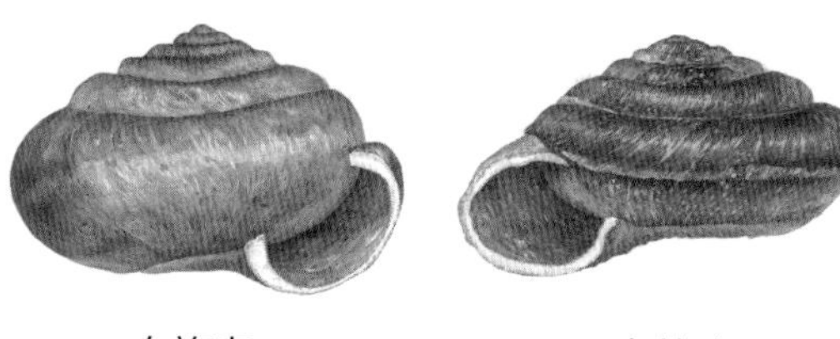
右旋壳　　左旋壳

如果蜗牛壳破了，怎么办呢?

蜗牛壳能保护蜗牛免于天敌的侵害，对它来说壳非常重要。如果蜗牛壳出现破洞，蜗牛会从外套膜分泌出石灰质形成薄膜，大约两周的时间，壳的破洞就会恢复成原来的状态。

蜗牛和螺有什么不同?

蜗牛和螺都属于软体动物的腹足纲，它们都具有腹足。大部分的蜗牛和螺都有坚硬的外壳，能保护自己的安全。那么该怎么区分这两类动物呢?最简单的方法就是观察它们生活的地区。生活在陆地上的就是蜗牛，生活在水中的就是螺，包括河、湖等淡水及海水区域。

蜗牛是怎么蠕动腹足来移动的呢?

蜗牛利用腹足部位的肌肉收缩和放松所产生的波动前进。它会从尾端向头的方向蠕动腹足肌肉，产生像波浪一样的横线波纹，这样蜗牛就会朝前方行进了。爬行时，身体分泌的黏液会让蜗牛牢牢黏附在爬行的地方，就算在光滑的玻璃上，也不会滑落，可以从容地爬行。

所有的蜗牛都只吃植物吗？

大部分蜗牛是植食性，但也有杂食与肉食性的蜗牛。植食性蜗牛特别喜欢散发甜味的软质蔬菜，除此之外，也食用腐烂的落叶或蕈类。另外，有些蜗牛喜欢捕食昆虫、蚯蚓或其他蜗牛。

人类从什么时候开始烹调蜗牛？

在史前时代的遗址或洞穴里就已发现蜗牛的壳，这说明人类在很久以前就把蜗牛当作食物了，特别是在以蜗牛料理闻名的欧洲，从古罗马时代就已经将蜗牛当作食材烹调。当时，罗马贵族非常喜爱食用蜗牛，于是蜗牛料理成为贵族佳肴。15世纪左右，法国一位法官为了救助贫民，在自己的土地上开垦葡萄园，使得以葡萄叶为主食的蜗牛数量急剧上升。为了阻止蜗牛啃食葡萄叶，法官捕捉葡萄园里的蜗牛，并试着把蜗牛煮成菜，法国因此有了蜗牛料理。不过，一直到19世纪后，蜗牛料理才开始普及。法国著名的蜗牛料理，是把混有酱料的蜗牛肉，放在蜗牛壳里烤熟后食用。

有只在中国生长的特有种蜗牛吗？

蜗牛不能移动到很远的地方，所以单一种类的蜗牛不会分布在很广的地域，很多都是在特定地区才有的特有种。蜗牛的种类很多，约25000多种，在中国生活的蜗牛便有数千种，常见的有灰巴蜗牛、北京华蜗牛、白玉蜗牛等。

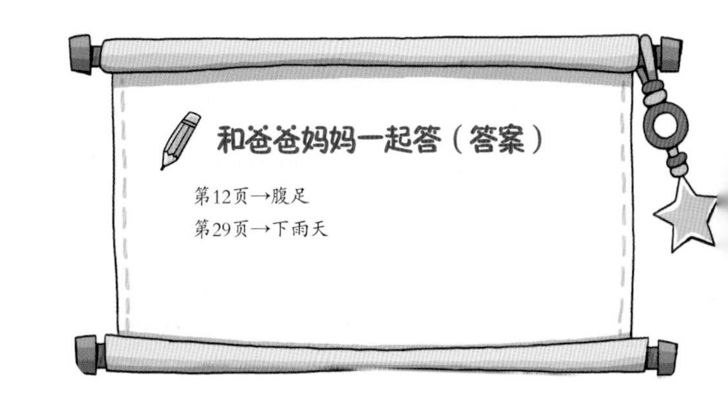

版权贸易合同登记号 图字：01-2020-1480

图书在版编目（CIP）数据

真实的大自然. 陆地动物. 3. 蜗牛 / 韩国与元媒体公司著；胡梅丽，马巍译. -- 北京：电子工业出版社，2020.7
ISBN 978-7-121-39156-9

Ⅰ. ①真… Ⅱ. ①韩… ②胡… ③马… Ⅲ. ①自然科学－少儿读物②蜗牛－少儿读物 Ⅳ. ①N49 ②Q959.212-49

中国版本图书馆CIP数据核字(2020)第108217号

责任编辑：苏　琪
印　　刷：北京利丰雅高长城印刷有限公司
装　　订：北京利丰雅高长城印刷有限公司
出版发行：电子工业出版社
　　　　　北京市海淀区万寿路 173 信箱　邮编：100036
开　　本：889×1194　1/16　印张：17.5　字数：265.50 千字
版　　次：2020 年 7 月第 1 版
印　　次：2022 年 3 月第 2 次印刷
定　　价：234.00 元（全 6 册）

凡所购买电子工业出版社图书有缺损问题，请向购买书店调换。若书店售缺，请与本社发行部联系，联系及邮购电话：（010）88254888，88258888。

质量投诉请发邮件至 zlts@phei.com.cn，盗版侵权举报请发邮件至 dbqq@phei.com.cn。

本书咨询联系方式：（010）88254161 转 1882，suq@phei.com.cn。

真实的大自然

给孩子一座自然博物馆

陆地动物3

蚯蚓

韩国与元媒体公司 / 著
胡梅丽 马巍 / 译 常凌小 / 审

電子工業出版社
Publishing House of Electronics Industry
北京·BEIJING

带孩子走进真实的大自然

——送给孩子一座自然博物馆

大自然本身就是一座气势恢宏、无与伦比的博物馆。自然万象，展示着造物的伟大，彰显着生命的活力。我们在这样的自然奇观面前，心潮澎湃，敬畏不已。为人父母，没有人不愿意尽早地带孩子领略这座博物馆的奥秘和神奇！然而，这又谈何容易？一座博物馆需要绝佳的导游，现在，《真实的大自然》来了！

《真实的大自然》之所以好，至少有以下几方面：

一，真实。市面上，真正全面、真实地反映自然的大型科普读物并不多见。好的科普读物，首先必须建立在严谨的科学知识的基础上。现在，科学素养越来越成为一个人的立身之本。这套书，是多位世界级的生物科学家的“多手联弹”，4000 多张高清照片配合着精准有趣的文字描述，重现地球生命的美轮美奂。长颈鹿脖子有多长？鸵鸟有多大？都用 1:1 的比例印了出来！当孩子打开折页，真实的大自然变得伸手可及。

二，诚挚的爱心。大自然并不是一座没有感情的机器，每一种动物，都有自己充满爱心的家庭，每一个小生命毫无例外，都得到了深深的关爱与呵护。这种爱心，甚至遵循着无差别的平等伦理，家庭成员相互之间也是无差别的友爱。比如，大象宝宝掉到泥池中，它的三个姐姐又是拽又是推，愣是把弟弟救上岸。大象姐姐不幸离世，弟弟还用鼻子摸一摸姐姐，久久不愿离去；离开前，所有大象还用树枝默默地覆盖住尸体加以保护。过了很久它们还会再回来祭奠。这是多么神奇的生命教育课！

三，童趣十足。这套书貌似“硬科普”，但语言亲切、质朴，充满情趣，不急不躁，耐心地从孩子的角度使用了孩子的语言，与孩子产生共鸣。比如：“哇！是蚜虫，肚子好饿啊，我要吃了。”“你是谁呀？竟然想吃蚜虫！”“哎呀！快逃！这里的蚜虫我不吃了。”“亲爱的瓢虫小姐，请做我的另一半吧！”“嗯，我喜欢你。我可以做你的另一半。”充满童趣的故事和画面贯穿全书始终。

四，画面震撼、生气盎然。每本书都会有一个特别设计的巨幅大拉页，使用一系列连续的镜头把动植物的生命周期完整重现出来。孩子从这些连续的图中，可以感受到大自然中每一个生物叹为观止的生命力。比如，瓢虫成长的 14 幅图加起来竟然有 1.25 米长！

五，精湛的艺术追求。艺术是人类的创造，然而艺术法则的存在在自然界却是普遍的事实。每一个生命中力量的均衡、结构的和谐、情感的纯朴、形象的变化，都气韵生动地展示出自然世界的艺术性力量。难能可贵的是，主创人员通过语言描述和视觉呈现，将这种艺术性逼真地表达了出来，激荡人心。

六，最让人感念的是无处不在的教育思维。虽然书中有海量的图片，但是仔细研究发现，没有一张图是多余的，每张图都在传递着一个重要的知识点。摄影师严格根据科学家们的要求去完成每一张图片的拍摄，并不是对自然的简单呈现，而是处处体现着逻辑严谨、匠心独具的教学逻辑。对每种生物都从出生、摄食、成长、防卫、求偶、生养、死亡、同类等多个维度勾勒完整的生命循环，呈现生物之间完整的生态链条。主创团队是下了很大的决心，要用一堂堂精美的阅读课，召唤孩子的好奇心和爱心，打好完整的生命底色，用心可谓良苦。

跟随这套书，尽享科学之旅、发现之旅、爱心之旅、审美之旅，打开页面，走进去，有太多你想象不到的地方，让已为人父母的你也兴奋不已。我仿佛可以看到，一个个其乐融融地观察和学习生物家庭的人类小家庭，更加为人类文明的伟大和浩荡而惊奇和感动！

让我们一起走进《真实的大自然》！

李岩

第二书房创始人 知名阅读推广人

审校专家

张劲硕 科普作家，中国科学院动物研究所高级工程师，国家动物博物馆科普策划人，中国动物学会科普委员会委员，中国科普作家协会理事，蝙蝠专家组成员。

高　源 北京自然博物馆副研究馆员，科普工作者，北京市十佳讲解员，自然资源部“五四青年”奖章获得者，主要从事地质古生物与博物馆教育的研究与传播工作。

杨　静 北京自然博物馆副研究馆员，主要研究鱼类和海洋生物。

常凌小 昆虫学博士后，北京自然博物馆科普工作者，主要研究伪瓢虫科。

秦爱丽 植物学专业，博士，主要从事野生植物保护生物学研究。

下雨天蚯蚓为什么会从地下钻出来呢？

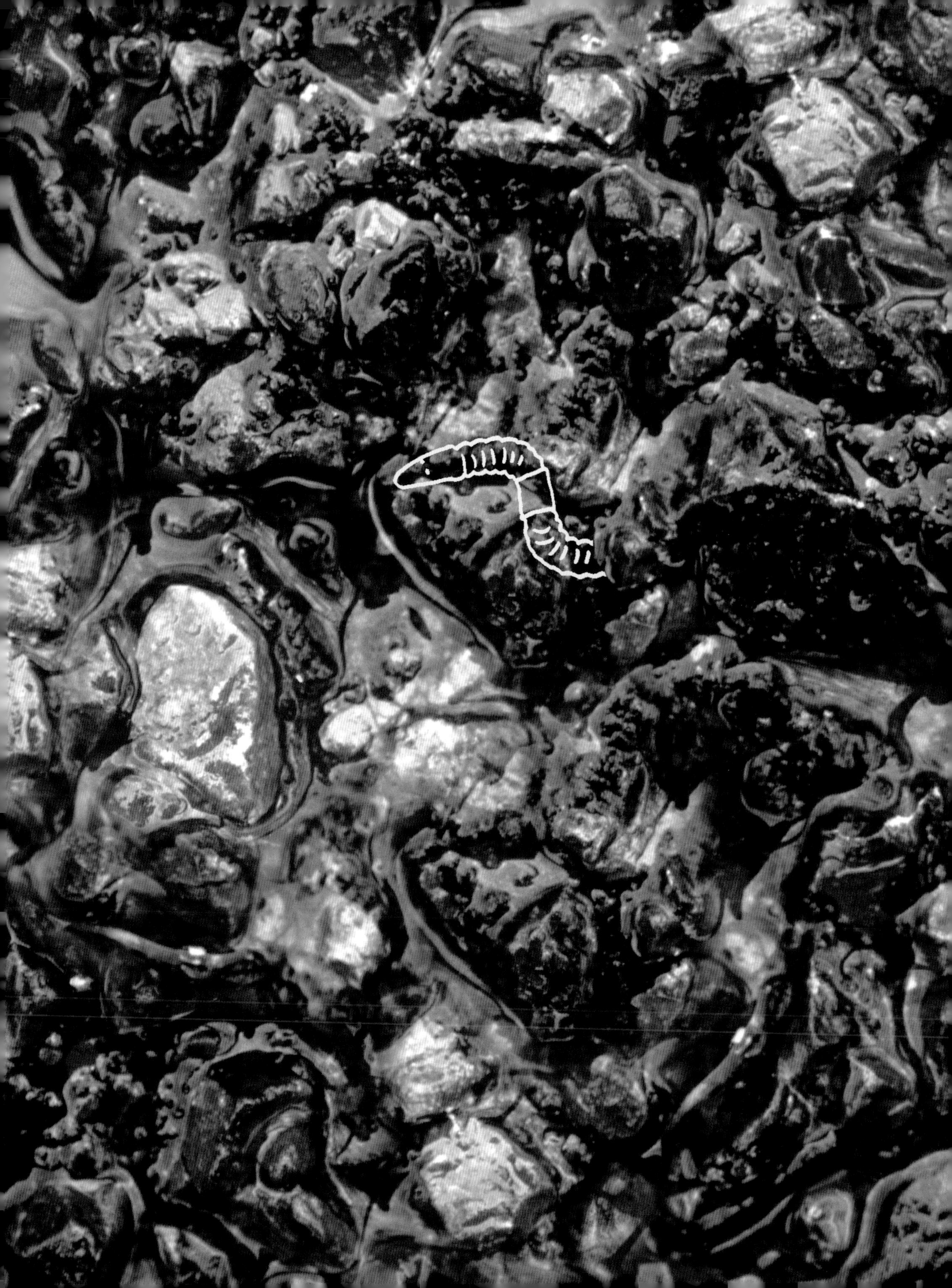

我的便便营养一百分

“哎呀，肚子好像有点疼，我要大便了。”

在地下生活的蚯蚓将屁股探出地面，然后用力，

圆滚滚的、长长的大便出来了。

大便完的蚯蚓用粪便挡住洞口，然后又一扭一扭地钻回地里去了。

蚯蚓将便便拉到地下还是地上？

（答案在第41页）

正在大便的蚯蚓　蚯蚓大便时会将屁股伸出地面。蚯蚓的粪便像长长的圆管子。

在绿色的草原上，到处都能看到软软滑滑的土塔。

一个，两个，三个……究竟是谁堆了这么多土塔呢？

“是不是很好奇？这些软软滑滑又圆滚滚的土塔，正是我的杰作，是我的粪便啊！”

蚯蚓在土里东游西逛，这里“噗呲”拉一堆，那里“噗呲”拉一堆。

这些圆圆的蚯蚓大便堆成了一个个酷酷的土塔。

酷似土塔的蚯蚓粪便 在草原上随处可见的那些看起来像土塔的东西，就是蚯蚓的粪便。

结实的蚯蚓粪便　蚯蚓刚拉出来的粪便软软滑滑的，太阳一晒就变成了坚硬的颗粒，即使下雨也不容易被冲走。

我就长这个样子

“我是雌雄同体。尽管没有眼睛、耳朵、骨头和脚，但是我却能在地底下自由爬行。”蚯蚓的全身像一个水管，通过收缩和舒展肌肉来向前爬行。光滑的身体可以使蚯蚓在土里穿梭爬行时不受伤，而身体上粗糙的刚毛避免它在土里打滑，还可以自由改变前进方向。

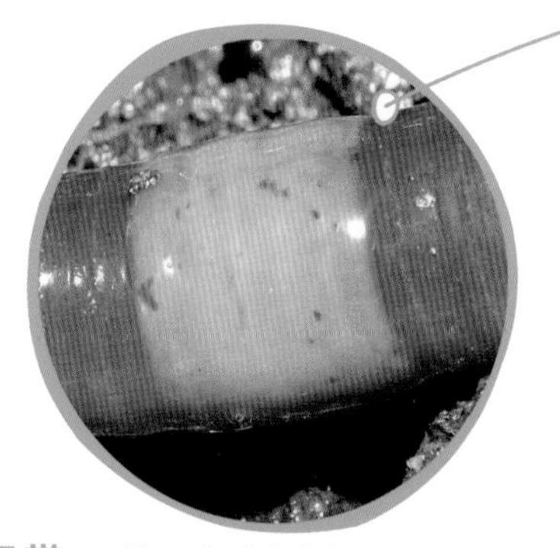

环带 位于蚯蚓头部一侧的圆形带状区域，交配时需要它。生殖时在环带这里产生卵茧，用于繁殖下一代。

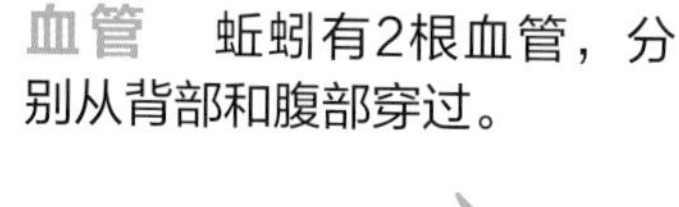

血管 蚯蚓有2根血管，分别从背部和腹部穿过。

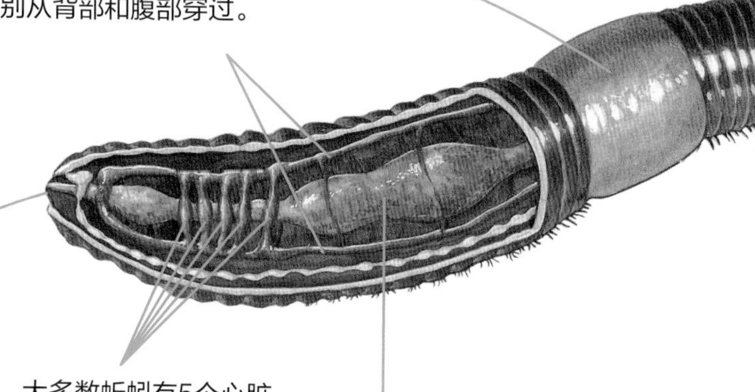

心脏 大多数蚯蚓有5个心脏。

消化器官 释放出消化液，可以帮助蚯蚓消化食物和土壤。

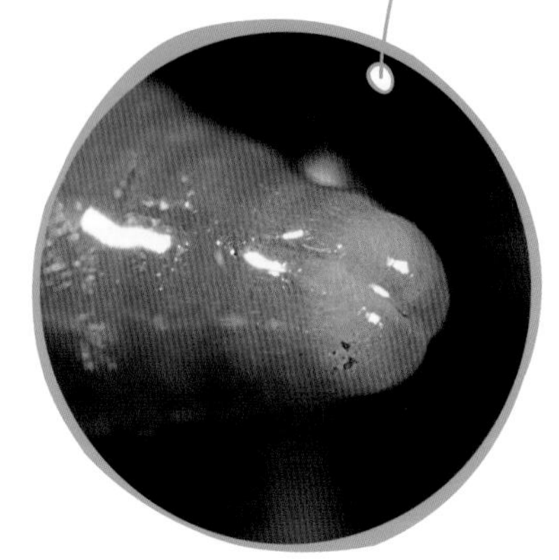

嘴 蚯蚓的嘴很小，且没有牙齿。

肛门 在蚯蚓环带位置相反的另一端，蚯蚓从这里排出大便。

皮肤　因为表皮布满黏液，所以蚯蚓的皮肤既潮湿又光滑。这种黏液可以帮助蚯蚓在土里自由地穿梭爬行，并避免身体受伤。

刚毛　大部分的体节上都有刚毛。刚毛可以避免蚯蚓移动时打滑，在蚯蚓转变方向时起到如同脚一般的作用。

环节（体节）　蚯蚓身上的节，叫作环节或者体节，蚯蚓的身体由95~200个环节组成。

像蚯蚓一样雌雄同体的动物

水蛭（蚂蝗）

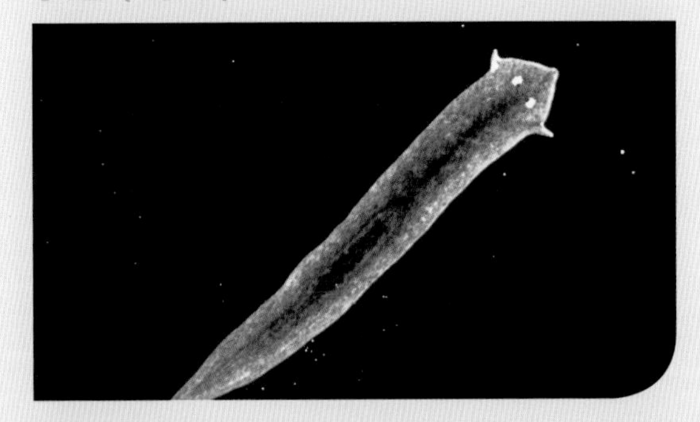

真涡虫

蜗牛

环节动物　指类似蚯蚓、沙蚕、水蛭这种身体是圆柱形，且由多个环节组成的动物。

弯弯曲曲的洞穴

“我可以在连阳光都透不进来的地底随意挖洞行走。”

钻地爬行的蚯蚓能在坚硬的农田里打洞翻土，和农民耕地的犁耙一样。

在蚯蚓所过之处，出现了一个个弯弯曲曲的洞穴。

土里的“活犁耙”——蚯蚓蠕动着光滑的身体，在土里挖出一个个洞来。

蚯蚓挖的洞 蚯蚓挖的洞一般可达1米长，冬眠时甚至能超过3米。

土里生活的蚯蚓 蚯蚓的身体既柔软又光滑，很适合在土里爬行。

蚯蚓为什么被叫作“活犁耙”？

蚯蚓在坚硬的土里钻来钻去、挖洞翻土，和犁耙犁地一样，所以蚯蚓被叫作“活犁耙”。因为有了蚯蚓在地里来回钻洞，使得地下空气能流通起来，水能更好地渗透进去，有了空气和水，植物也能长得更加茂盛。

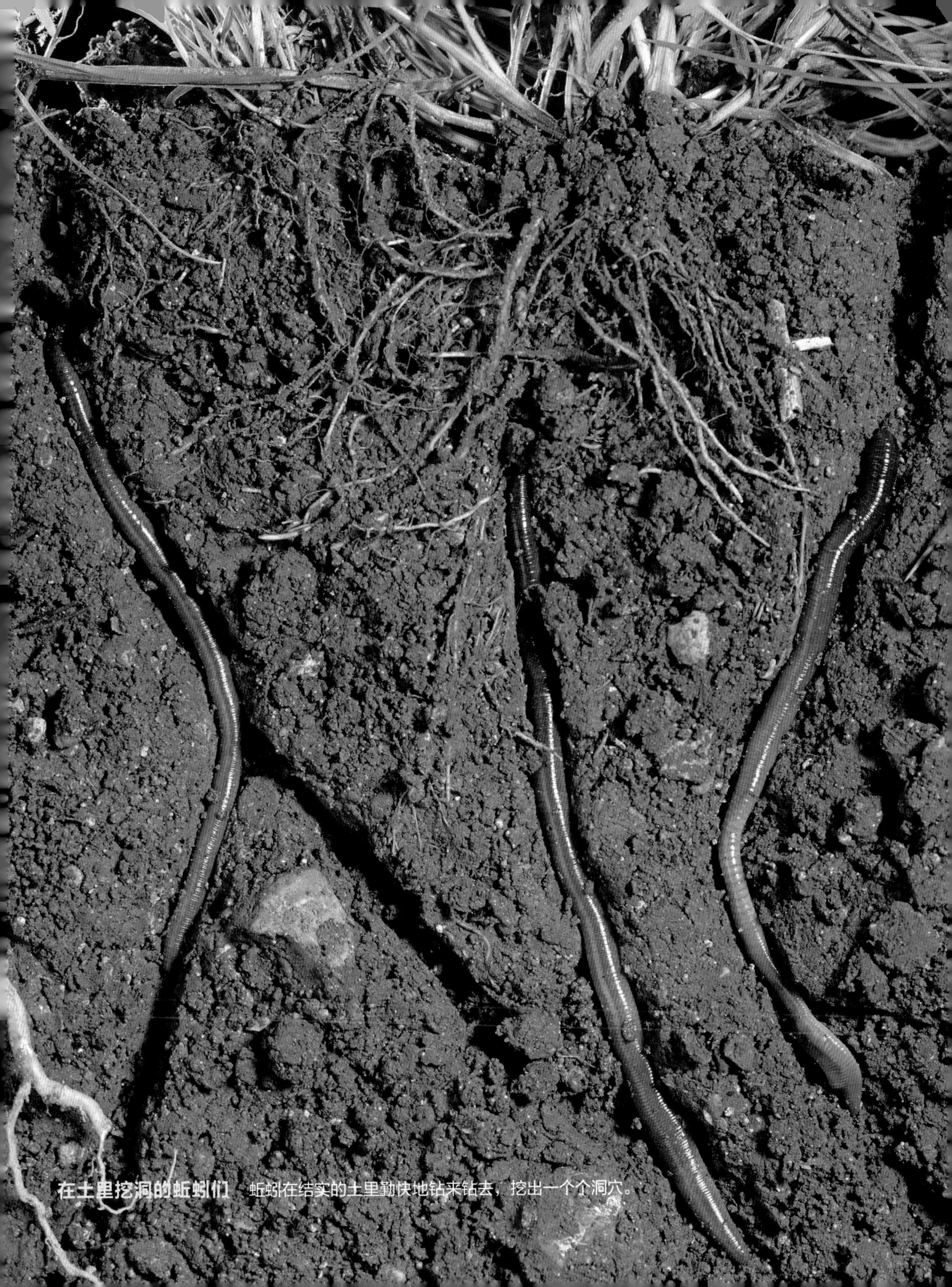

在土里挖洞的蚯蚓们 蚯蚓在结实的土里勤快地钻来钻去，挖出一个个洞穴。

我的皮肤很智能

“你没有眼睛也没有耳朵，是怎样在漆黑的洞穴里生活的？”

“虽然我没有眼睛和耳朵，但是我可以用我的皮肤感知光和声音啊！”

蚯蚓可以通过皮肤感知振动，从而察觉到是否有敌人。

而且因为皮肤对光很敏感，所以可以分辨白天和黑夜。

对振动和光敏感的皮肤 蚯蚓皮肤上有感知细胞，所以可以感知到热、光和振动。

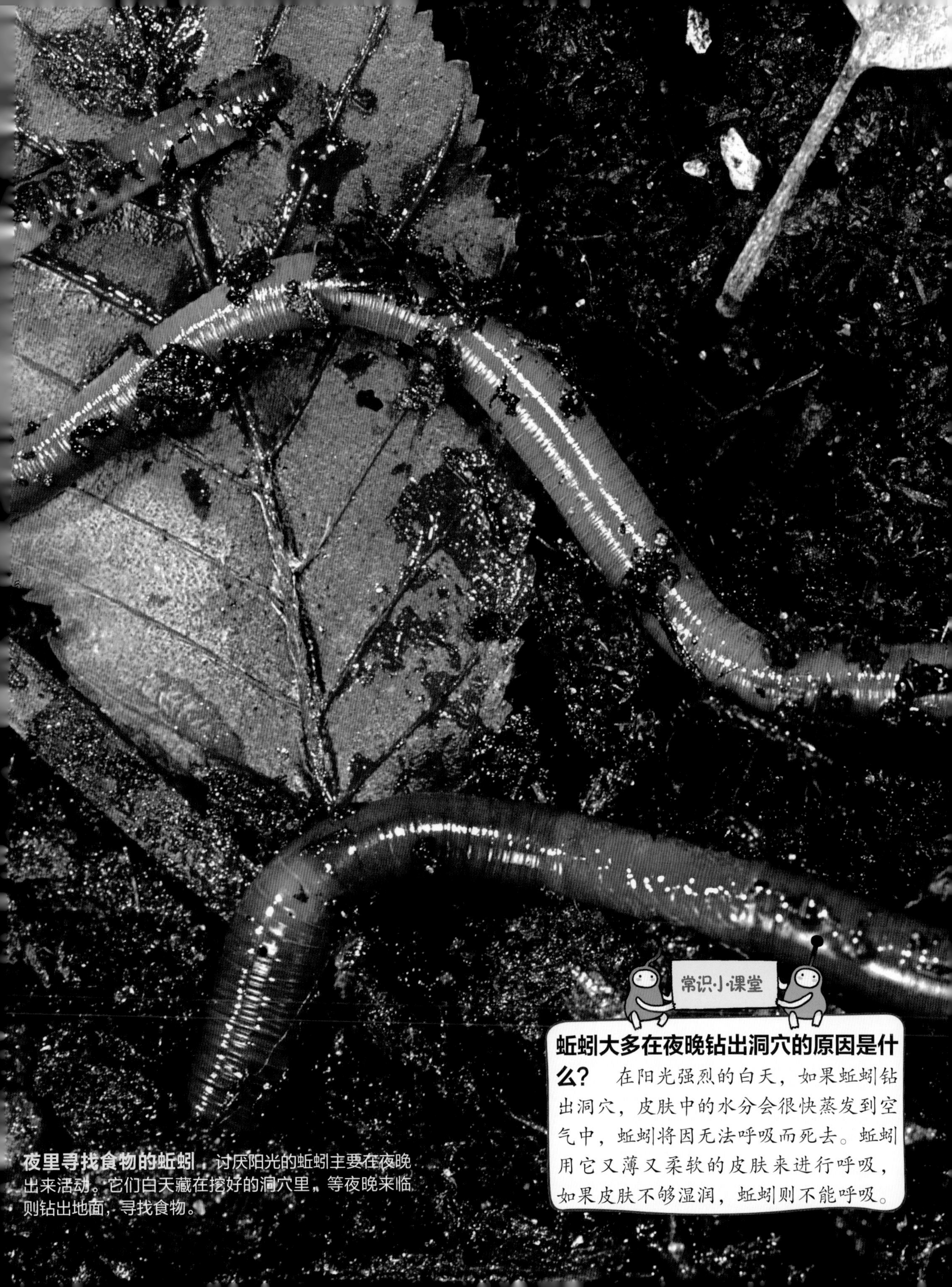

蚯蚓大多在夜晚钻出洞穴的原因是什么？ 在阳光强烈的白天，如果蚯蚓钻出洞穴，皮肤中的水分会很快蒸发到空气中，蚯蚓将因无法呼吸而死去。蚯蚓用它又薄又柔软的皮肤来进行呼吸，如果皮肤不够湿润，蚯蚓则不能呼吸。

夜里寻找食物的蚯蚓 讨厌阳光的蚯蚓主要在夜晚出来活动。它们白天藏在挖好的洞穴里，等夜晚来临则钻出地面，寻找食物。

我是大胃王

虽然蚯蚓的嘴很小，却非常能吃。

“呀，那是我最喜欢吃的落叶！”

蚯蚓每天不仅吃地下的土，还会将落叶拖到地下去吃。

蚯蚓在地下吃东西的样子 虽然图中的蚯蚓看起来像是在吃泥土，但实际上，它将混在土里的腐烂植物和动物排泄物也一起吃掉了。

喜欢落叶的蚯蚓 蚯蚓喜欢湿乎乎的落叶。它们常常将头探出地面吃掉落叶，或者将落叶拖到洞穴里再吃。

常识小课堂

蚯蚓一天要吃多少食物？ 大多数蚯蚓一天要吃掉大概和体重相当的食物。

我既当妈妈又当爸爸

“我既可以当妈妈，也能当爸爸。

但是我不能独自生宝宝，我也需要相亲相爱的伴侣。”

阴天或者夜里，雌雄同体的蚯蚓爬出地面来寻找伴侣。

找到伴侣后，它们将环带所在的身体前端紧紧贴在一起，等交配完之后再分开。

一对正在交配的蚯蚓 它们将有环带的腹部前端相贴，交换精子。因为交配期间环带里会产生黏液，所以难以分开，必须长时间贴在一起。

蚯蚓什么时候产卵？是怎么产卵的？

蚯蚓的环带部位会产生一层薄薄的膜，膜里附着有卵子。蚯蚓将身体往后伸展时，膜往头部移动，移动的时候经过受精囊上面，这时从其他蚯蚓那里得到的精子出来，让卵受精。蚯蚓继续将这层膜往头部方向移动，直至完全脱落掉到地上，这就是卵茧。

成年蚯蚓的环带　幼年蚯蚓没有环带，只有成年蚯蚓才有。到了需要交配的时候，蚯蚓的环带部位会生成环状的薄膜。

几周之后，外形酷似柠檬的卵茧里小蚯蚓一扭一扭地爬出来。
它们每天吃土、拉大便，每天吃了拉，拉了吃……
原本白色透明的蚯蚓宝宝一天天长大，身体开始慢慢变红。

蚯蚓产下卵茧2～4周后，蚯蚓宝宝就从卵茧里爬出来了。
刚出生的蚯蚓宝宝是白色透明的。

我长大了

交配一周后，蚯蚓将装有受精卵的卵茧推向头部，最终卵茧脱落掉到地上。

“我可爱的宝宝们，即使妈妈不在你们身边，也要健康长大啊！”

放下卵茧的蚯蚓正在和宝宝们告别。

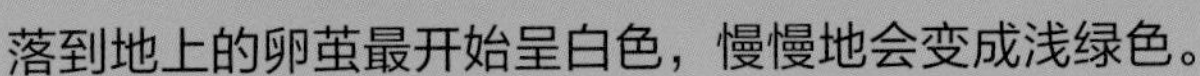
落到地上的卵茧最开始呈白色，慢慢地会变成浅绿色。

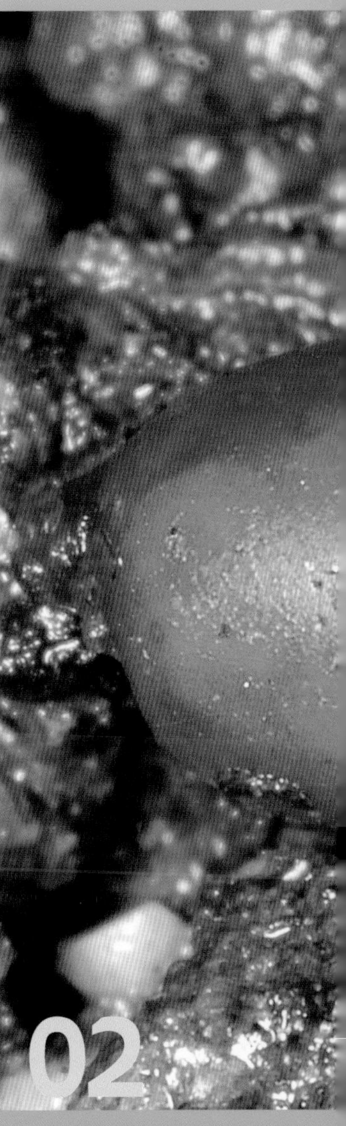

浅绿色的卵茧变成了褐色。

在土里茁壮成长的蚯蚓宝宝 咬开卵茧后爬出来的蚯蚓宝宝在土里钻来钻去，吃东西、拉大便，很快就长大了。

蚯蚓宝宝越长越大，身体也变得越来越红、越来越粗。大概3~4个月之后，身体前端1/3处开始长出环带。

随着环带的成熟，蚯蚓宝宝也成年了，可以进行交配。

蚯蚓宝宝长大了一些，原本白色透明的身体逐渐变成了红色。

从地下到地上的生死之旅

噼里啪啦，下雨了！

雨水悄悄地渗到地下。

“哎呀，喘不过气了！因为下雨，地下积满了水，我都透不过气来了。”

下雨天，原本在地下活动的蚯蚓纷纷钻出来，在地面上爬行。

下雨天爬到地面的蚯蚓 下雨后，因为地下积水，用皮肤呼吸的蚯蚓喘不过气来，无法呼吸，所以下雨后蚯蚓会从地下钻出来。

干死的蚯蚓 为了避开地下的雨水而爬到地上的蚯蚓，等太阳一出来，必须尽快回到地下去。因为在火辣辣太阳的照射下，蚯蚓会因为身体里的水分被蒸发掉而很快干死。常常有一些蚯蚓，因为爬到了无法钻洞的柏油路或水泥路上而干死。

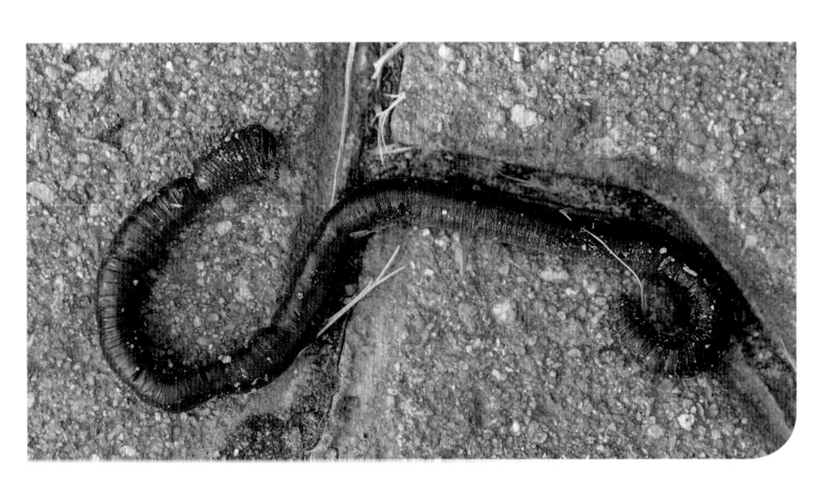

和爸爸妈妈一起答

下雨天蚯蚓爬到地面上来的原因是什么？

（答案在第41页）

我的敌人数也数不清

哎呀，不好！蚯蚓的敌人出现了！

“蚯蚓们，一定要小心啊！田鼠和鸟儿来了！”

“哎呀，是田鼠！快逃啊！”

身躯柔软、个头小小的蚯蚓有太多敌人了。

捉蚯蚓喂宝宝的画眉鸟妈妈 蚯蚓不仅是许多成年鸟类的美味大餐，也是鸟宝宝最爱的美味佳肴。

鼹鼠的捕蚯蚓行动 蚯蚓是地下生活的鼹鼠最喜欢的食物之一，鼹鼠一天大约可以吃50条蚯蚓。

正在吃蚯蚓的蜥蜴 蜥蜴或甲虫这种比较小的动物也会捕食蚯蚓。

吃蚯蚓的动物有哪些？ 蚯蚓处于食物链底端，所以是很多动物的食物。吃蚯蚓的动物有鸟儿、蜥蜴、蜈蚣、青蛙、蟾蜍、臭鼬、蛇、老鼠、田鼠、蛞蝓等。

我们都是勤劳的“地下农夫”

“我们是生活在土里的蚯蚓，我们在地下爬来爬去，到处挖洞。”
“我们是生活在淤泥里的蚯蚓，我们在淤泥里来来回回地钻洞。”
虽然外形略有不同，但是它们都是对人类有益的勤劳的“地下农夫”。

在土里生活

红蚯蚓 主要生活在田里或庭院里。

条纹蚯蚓 每一节上都有黄色或栗色的条纹，主要以农家肥和腐烂的蔬菜为食，所以对处理垃圾很有帮助。它们也常常被用作钓鱼的鱼饵。

蚯蚓的种类有多少？ 蚯蚓可以在土里、海里、淡水里、臭水沟等各种地方生活。全世界有数千种类的蚯蚓，其中养殖较多的是在土里生活的红蚯蚓和条纹蚯蚓。最近由于有机农业和绿色环保农业的流行，使用蚯蚓优化土壤的农民和养殖蚯蚓的家庭也在渐渐增多。

在滩涂里生活

沙蚕 在滩涂里来回打洞，寻找食物。沙蚕钻的洞能帮助空气流通，防止滩涂腐烂。

双齿围沙蚕 正在用它那巨大的镰刀状的牙齿吃东西。

我是蚯蚓的亲戚

“我是水蛭，和蚯蚓一样，身体是圆柱形，由一个个环节组成。”虽然水蛭和蚯蚓的外形很相似，但是没有蚯蚓身上所特有的刚毛。尽管水蛭也没有触须和腿，但是身体的前后都有吸盘，方便它紧贴在其他动物身上吸血。

淡水中生活的水蛭 水蛭和蚯蚓一样，是由多个体节组成的环节动物。大多数水蛭在淡水中生活，但是也有部分生活在海里或者湿润的陆地上。

正在吸血的水蛭 水蛭可以吸进去相当于自身重量10倍的血。喝饱的水蛭即使什么都不吃，也可以支撑数月。

和蚯蚓一起玩吧！

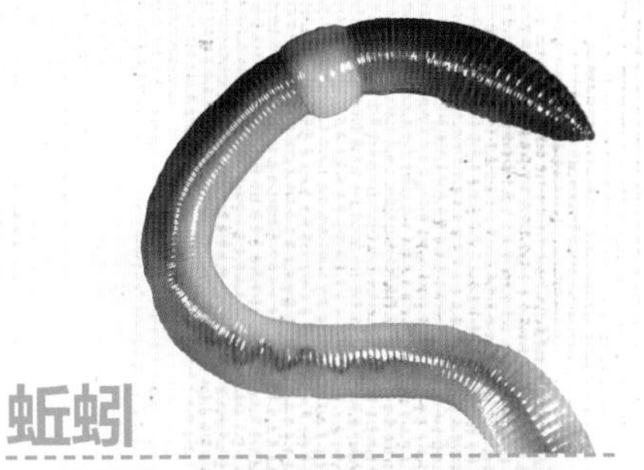

蚯蚓

蚯蚓是由一个个圆柱形的体节组成的环节动物，没有眼睛、鼻子和耳朵，取而代之的是，它的皮肤可以感知光的明暗和声音的振动。雌雄同体的蚯蚓通过和其他蚯蚓交换精子，进行产卵繁殖。它们在地下来回穿梭钻洞，可以让原本坚硬的土壤变得松软。因为挖的洞能让空气和水得以流通，所以土里的动物和植物都能长得很好。更为重要的是，蚯蚓的粪便中有大量对植物生长很重要的营养成分。

没有脚的蚯蚓在土里是如何移动的？

为了寻找食物，蚯蚓不停地在土里来回穿梭，到处挖洞。但是，全身光滑柔软、没有手和脚的蚯蚓是怎么在土里挖洞和前行的呢？

蚯蚓能在土里挖洞和前行，主要得益于它们身上像刺一样短短的被称作“刚毛”的细毛，我们肉眼看不见这些毛。蚯蚓的大部分体节上都有刚毛，蚯蚓移动时将刚毛紧紧地贴在土上，避免打滑。在土上抓牢后，身体先拉长舒展，然后收缩起来，拖着身体向前移动。同时蚯蚓的身体里会分泌出一种黏液，这种黏液可以避免蚯蚓往前爬行时，洞里的土掉落下来。蚯蚓在爬行时，会不停地往前面移动刚毛，因为有可以随心所欲移动的刚毛，所以也能够自由改变方向。

蚯蚓的移动方式

蚯蚓身体里含有充足的水分，在颗粒比较松软的泥土里，身体可以像弹簧一样收缩、舒展，从而能轻松移动。但是，在几乎没有水分、土壤颗粒很坚硬的土里，蚯蚓又是怎么爬行的呢?

蚯蚓遇到坚硬的土壤，会吃掉路上的土壤颗粒，然后再往前爬。蚯蚓将挡路的土壤颗粒吞进去，再从肛门排出来，通过这样的方式清理干净道路上的障碍。因为没有牙齿，所以蚯蚓会将坚硬的土粒输送到身体的砂囊中，在砂囊中粉碎成小颗粒，然后再经过消化器官，转变成容易被身体吸收的形态。在这个过程中，蚯蚓会将身体产生的各种有机物和土壤混合，蚯蚓只吸收所需的营养，然后将多余的部分变成大便排出来。

就这样，不停吃东西的蚯蚓也在不停地排泄，和大便一起排出来的，还有蚯蚓的尿液。如果仔细观察蚯蚓挖的洞壁，可以发现，蚯蚓洞穴常常是黏糊糊的、潮湿的，这是有蚯蚓尿液的缘故。蚯蚓尿液的主要成分是氨和酵素，具有很好的杀菌作用，不仅能杀死对植物生长有害的细菌，还富含植物生长所需的营养成分。所以蚯蚓生活的地方，常常有很多对植物生长有益的微生物，而以这些微生物为生的昆虫也会增多，这样就构成了多样性生物生存的基础。

蚯蚓身体里排出来的土，即蚯蚓吃进去后又排出来的粪便土，和最初吃进去的土完全不同。最初的土营养成分不多，但是经过蚯蚓的身体而排出来的土，则变成了利于植物吸收且多种多样的微生物赖以生存的肥沃的土壤。

没有蚯蚓的土壤 几乎没有湿气和肥料，植物难以生长。

有蚯蚓的土壤 潮湿、肥沃的土壤，植物长得很茂盛。

制作喂养蚯蚓的花盆

大家是否担心太多的食物垃圾怎么处理呢？不用愁，蚯蚓就能搞定，因为蚯蚓可以吃掉食物垃圾。让我们试一试自己动手，用丢掉的食物垃圾喂养蚯蚓吧！不仅可以防止环境污染，还可以尝试在喂养蚯蚓的花盆里种植漂亮的花，当然也可以种一些蔬菜。那么让我们一起来学习一下，如何制作喂养蚯蚓的花盆吧！

需要准备的材料

容器

容器的盖子　橡胶手套

网兜

温度计、橡皮筋

泥铲

蚯蚓的食物

蚯蚓

1 往准备喂养蚯蚓的容器里装上土，容器可以用陶瓷花盆或者木盒、泡沫箱等。

2 将蚯蚓连同它生活的土壤一起放进容器里。

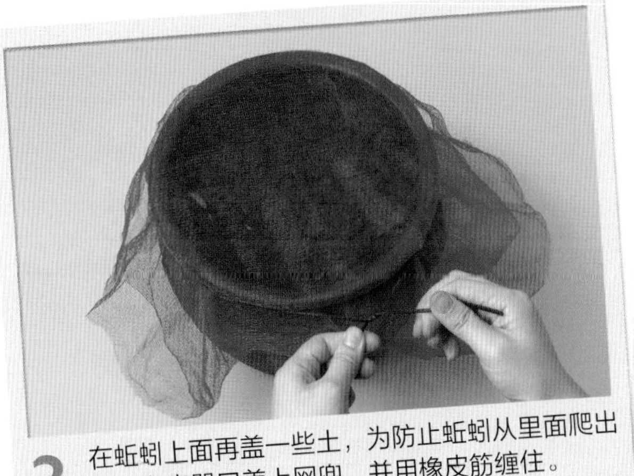

3 在蚯蚓上面再盖一些土，为防止蚯蚓从里面爬出来，在容器口盖上网兜，并用橡皮筋缠住。

4 盖上容器盖子，防止阳光直射。大约3~4天后往里面浇一点水，因为蚯蚓喜欢潮湿的土壤环境。

5 等蚯蚓适应了新的环境之后，一点点挖开容器里的土，往里放入食物，然后再用土盖上。

6 因为蚯蚓喜欢黑暗的地方，所以我们可以用种植花儿或蔬菜的花盆代替盖子，盖在养蚯蚓的容器上方。

注意事项：

· 往花盆里放入食物之后，用土将食物完全盖住，这样蚯蚓才能更容易吃掉食物，并且不会产生小飞虫。

· 如果土壤变得很硬，用铲子将土上下翻动。这个时候容易伤到蚯蚓，所以一定要小心。

· 在土里埋一支温度计，以便随时确认温度。蚯蚓适宜生活的温度为15~25℃。

· 放入蚯蚓喜欢的食物。蚯蚓喜欢甜甜的西瓜、桃子、甜瓜一类的水果和软一点的蔬菜，讨厌油腻的食物，如肉、牛奶，因为它们分解的时候会产生对蚯蚓有害的气体。

如何区分蚯蚓的腹部和背部？

如果仔细观察蚯蚓，会发现蚯蚓的腹部一侧比背部颜色浅，而且腹部有我们肉眼看不见的刚毛。如果将蚯蚓翻过来，它会立刻翻回去，再次使腹部朝下。

据说，查尔斯·达尔文曾经研究过蚯蚓，是真的吗？

作为一直以来都对土壤由贫瘠变肥沃起到重要作用的有益生物，蚯蚓过去一直没有得到人们太多关注。最近，随着土壤污染问题和环境重要性的凸显，人们才开始注意到蚯蚓所起的作用。最早科学地研究"环境卫士"蚯蚓的，是19世纪后半叶因《进化论》而闻名的查尔斯·达尔文。达尔文在生命的后期花费了许多时间研究蚯蚓，他在《腐殖土的产生与蚯蚓的作用》一书中写道："在犁发明以前很长的一段时期内，地球上的土壤是依靠蚯蚓来耕耘的，人类历史上再没有生物如蚯蚓一般起到了如此大的作用。"

蚯蚓大便之所以很肥沃，其原因是什么？

蚯蚓所吃的泥土或者落叶本身并不能很好地被植物吸收，很难成为营养成分，但是经过蚯蚓的身体后，排出的大便却和最初蚯蚓吃进去的食物有了天壤之别。蚯蚓吃进去的泥土和食物经过蚯蚓身体里的各个器官，在各种微生物的帮助之下，转变成容易被身体吸收的有机物形态，然后传递到全身。但是因为蚯蚓的消化吸收率非常低，它们拼命吃进去的东西大部分都变成大便排泄出来了。

蚯蚓的大便中存活着各种微生物，所以很容易被地下的其他有机物分解，并且富含植物所需要的营养成分。而且蚯蚓大便中含有碳酸钙和氨成分，该成分能将已经被化肥或酸性肥料酸化的土壤变得肥沃。

据说蚯蚓被截断后还能再次长出来，是真的吗？

蚯蚓身体的某些部位被截断后能再次长出来。很多人认为蚯蚓被截成两段之后，截掉的部分会重新长出来，蚯蚓能变成两条，但是并不是所有的蚯蚓都是如此。蚯蚓种类不同，其再生能力也不同，而且被截断的部位不同，再生能力也不一样。一般来说，10节前的部位截断还能长出新的体节来，36节之后的部位截断也能长出新的体节，但是在第11～36节之间截断，大部分蚯蚓都会死去。

蚯蚓应用在垃圾处理中的哪些方面？

最近，世界各国越来越多的地方为了恢复被污染的环境而使用蚯蚓，不仅利用蚯蚓处理污水，还利用蚯蚓处理大小便。将便块撒在农田里，蚯蚓在这里生活、吃土，排出粪便土，该粪便土就是优质肥料。

蚯蚓能尝到味道吗？

因为蚯蚓没有牙齿，所以无法咀嚼食物，只能直接吞下去，但是这并不意味着蚯蚓尝不到味道。蚯蚓口腔内部有名为“口前叶”的感觉器官，蚯蚓在找到食物吞进嘴里时，或者吃掉泥土挖洞时都会使用口前叶。口前叶内部有感知味道的细胞，所以能尝到味道。研究表明，蚯蚓喜欢甜味，不怎么喜欢酸味，特别讨厌辣味。

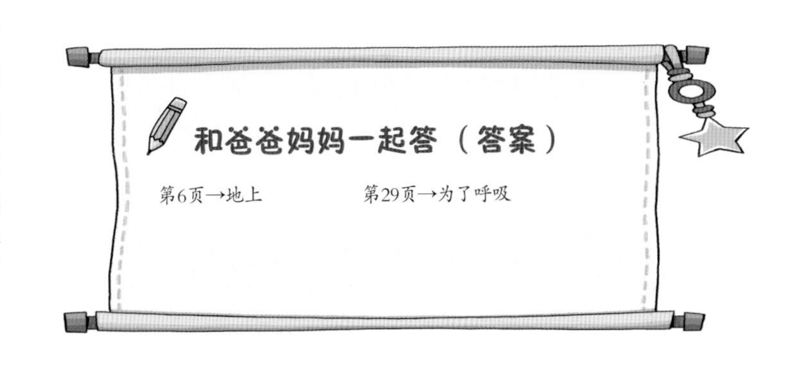

和爸爸妈妈一起答（答案）

第6页→地上　　　　第29页→为了呼吸

版权贸易合同登记号 图字：01-2020-1480

图书在版编目（CIP）数据

真实的大自然. 陆地动物. 3. 蚯蚓 / 韩国与元媒体公司著；胡梅丽，马巍译. -- 北京：电子工业出版社，2020.7
ISBN 978-7-121-39156-9

Ⅰ. ①真… Ⅱ. ①韩… ②胡… ③马… Ⅲ. ①自然科学－少儿读物②蚯蚓－少儿读物 Ⅳ. ①N49 ②Q959.193-49

中国版本图书馆CIP数据核字(2020)第108219号

责任编辑：苏　琪
印　　刷：北京利丰雅高长城印刷有限公司
装　　订：北京利丰雅高长城印刷有限公司
出版发行：电子工业出版社
　　　　　北京市海淀区万寿路 173 信箱　邮编：100036
开　　本：889×1194　1/16　印张：17.5　字数：265.50 千字
版　　次：2020 年 7 月第 1 版
印　　次：2022 年 3 月第 2 次印刷
定　　价：234.00 元（全 6 册）

凡所购买电子工业出版社图书有缺损问题，请向购买书店调换。若书店售缺，请与本社发行部联系，联系及邮购电话：（010）88254888，88258888。

质量投诉请发邮件至 zlts@phei.com.cn，盗版侵权举报请发邮件至 dbqq@phei.com.cn。

本书咨询联系方式：（010）88254161 转 1882，suq@phei.com.cn。

小猛犸童书

第二书房
My Second Study

2020 年度第八届
中国童书榜获奖童书

真实的大自然

给孩子一座自然博物馆

陆地动物3

猿和猴

韩国与元媒体公司 / 著
胡梅丽 马 巍 / 译 高 源 / 审

電子工業出版社
Publishing House of Electronics Industry
北京·BEIJING

带孩子走进真实的大自然

——送给孩子一座自然博物馆

大自然本身就是一座气势恢宏、无与伦比的博物馆。自然万象，展示着造物的伟大，彰显着生命的活力。我们在这样的自然奇观面前，心潮澎湃，敬畏不已。为人父母，没有人不愿意尽早地带孩子领略这座博物馆的奥秘和神奇！然而，这又谈何容易？一座博物馆需要绝佳的导游，现在，《真实的大自然》来了！

《真实的大自然》之所以好，至少有以下几方面：

一，真实。市面上，真正全面、真实地反映自然的大型科普读物并不多见。好的科普读物，首先必须建立在严谨的科学知识的基础上。现在，科学素养越来越成为一个人的立身之本。这套书，是多位世界级的生物科学家的“多手联弹”，4000 多张高清照片配合着精准有趣的文字描述，重现地球生命的美轮美奂。长颈鹿脖子有多长？鸵鸟有多大？都用 1:1 的比例印了出来！当孩子打开折页，真实的大自然变得伸手可及。

二，诚挚的爱心。大自然并不是一座没有感情的机器，每一种动物，都有自己充满爱心的家庭，每一个小生命毫无例外，都得到了深深的关爱与呵护。这种爱心，甚至遵循着无差别的平等伦理，家庭成员相互之间也是无差别的友爱。比如，大象宝宝掉到泥池中，它的三个姐姐又是拽又是推，愣是把弟弟救上岸。大象姐姐不幸离世，弟弟还用鼻子摸一摸姐姐，久久不愿离去；离开前，所有大象还用树枝默默地覆盖住尸体加以保护。过了很久它们还会再回来祭奠。这是多么神奇的生命教育课！

三，童趣十足。这套书貌似“硬科普”，但语言亲切、质朴，充满情趣，不急不躁，耐心地从孩子的角度使用了孩子的语言，与孩子产生共鸣。比如：“哇！是蚜虫，肚子好饿啊，我要吃了。”“你是谁呀？竟然想吃蚜虫！”“哎呀！快逃！这里的蚜虫我不吃了。”“亲爱的瓢虫小姐，请做我的另一半吧！”“嗯，我喜欢你。我可以做你的另一半。”充满童趣的故事和画面贯穿全书始终。

四，画面震撼、生气盎然。每本书都会有一个特别设计的巨幅大拉页，使用一系列连续的镜头把动植物的生命周期完整重现出来。孩子从这些连续的图中，可以感受到大自然中每一个生物叹为观止的生命力。比如，瓢虫成长的 14 幅图加起来竟然有 1.25 米长！

五，精湛的艺术追求。艺术是人类的创造，然而艺术法则的存在在自然界却是普遍的事实。每一个生命中力量的均衡、结构的和谐、情感的纯朴、形象的变化，都气韵生动地展示出自然世界的艺术性力量。难能可贵的是，主创人员通过语言描述和视觉呈现，将这种艺术性逼真地表达了出来，激荡人心。

六，最让人感念的是无处不在的教育思维。虽然书中有海量的图片，但是仔细研究发现，没有一张图是多余的，每张图都在传递着一个重要的知识点。摄影师严格根据科学家们的要求去完成每一张图片的拍摄，并不是对自然的简单呈现，而是处处体现着逻辑严谨、匠心独具的教学逻辑。对每种生物都从出生、摄食、成长、防卫、求偶、生养、死亡、同类等多个维度勾勒完整的生命循环，呈现生物之间完整的生态链条。主创团队是下了很大的决心，要用一堂堂精美的阅读课，召唤孩子的好奇心和爱心，打好完整的生命底色，用心可谓良苦。

跟随这套书，尽享科学之旅、发现之旅、爱心之旅、审美之旅，打开页面，走进去，有太多你想象不到的地方，让已为人父母的你也兴奋不已。我仿佛可以看到，一个个其乐融融地观察和学习生物家庭的人类小家庭，更加为人类文明的伟大和浩荡而惊奇和感动！

让我们一起走进《真实的大自然》！

李岩

第二书房创始人 知名阅读推广人

审校专家

张劲硕 科普作家，中国科学院动物研究所高级工程师，国家动物博物馆科普策划人，中国动物学会科普委员会委员，中国科普作家协会理事，蝙蝠专家组成员。

高　源 北京自然博物馆副研究馆员，科普工作者，北京市十佳讲解员，自然资源部“五四青年”奖章获得者，主要从事地质古生物与博物馆教育的研究与传播工作。

杨　静 北京自然博物馆副研究馆员，主要研究鱼类和海洋生物。

常凌小 昆虫学博士后，北京自然博物馆科普工作者，主要研究伪瓢虫科。

秦爱丽 植物学专业，博士，主要从事野生植物保护生物学研究。

咦！是什么动物
在树林间自由穿梭呢？
原来是猿和猴。它们用前肢
抓住树枝，晃来荡去。
它们为什么可以爬这么高呢？

敏捷的爬树高手

森林是猿和猴的游乐场。

“看我帅气的攀爬技术！”

它们在树木间摇摆穿梭，

炫耀着自己高超的爬树技能。

攀挂在树上的猩猩 大部分的猿和猴拥有发达的四肢，非常适合攀爬。它们的前肢就像秋千一样，使劲伸长相互交替，在森林里通行无阻。

包括猩猩、狒狒、猴子在内的多数猿和猴，
在树上进行各种活动，
例如：吃东西、睡觉、玩耍等。
树上是温暖的窝，也是开心的游乐场。

在树上吃东西 猩猩可以用四肢抓住树枝。在树林间穿梭时，它们会采摘树叶或果实，并在树上享用美食。

在树上睡觉
绿猴在树上美美地睡着了。

在树上玩耍　对在森林里生活的猿、猴来说，爬树是很重要的技能。和同伴一起攀爬、玩耍，还可以训练爬树的本领。

我就长这个样子

“来追我呀！”
敏捷的猴子擅长爬树，
来看看它的模样吧！

尾巴　猴子有尾巴，但猿没有。猴子的尾巴主要功能是保持身体平衡。随着种类的不同，尾巴的长短也不一样。

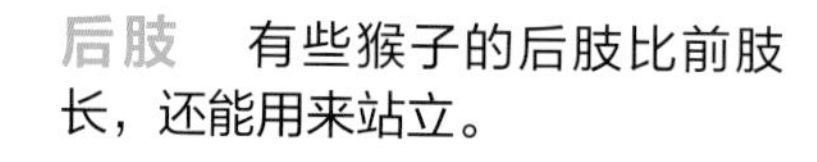

后肢　有些猴子的后肢比前肢长，还能用来站立。

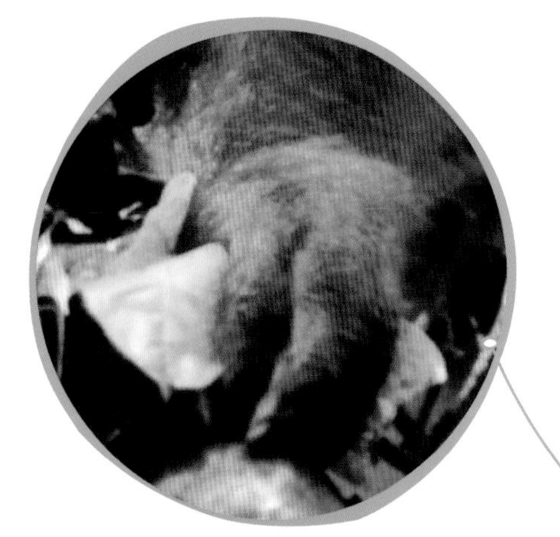

脚趾　有5根趾头。脚趾可以弯曲握合，让猴子能轻松爬树。

鼻子 有2个鼻孔。有的鼻孔朝向两侧，间距较宽，例如松鼠猴。有的鼻孔朝下，间距较窄，例如狒狒。

眼睛 视觉敏锐。大部分的猴子视野很广，已经进化为两边的眼睛可以一起使用。

颊囊 位于口腔两侧，可以储存来不及咽下去的食物。生活在非洲和亚洲的猴子有颊囊，但生活在中南美洲的猴子没有。

下颌 以树叶为主食的猴子，下颌较为宽广、坚硬。以昆虫和果实为主食的猴子，下颌较为窄小、柔软。

手指 和人类一样有5根指头，也有掌纹和指纹。大部分猴子的大拇指可以和其他指头握合，能抓紧物体。

和爸爸妈妈一起答

猴子的手指和脚趾各有几根呢？

（答案在第49页）

我的口味多种多样

“我最喜欢吃香蕉。”

“我觉得昆虫和小鸟最好吃。”

“新鲜的树叶和树枝才美味。”

不同种类的猿、猴，喜欢的食物也不一样。

狒狒 狒狒是杂食性动物，主要以水果、树叶和树枝为食，偶尔也会猎食羚羊等动物。

眼镜猴 体型小的眼镜猴，常常在夜晚出来捕食昆虫、小鸟、蜥蜴等小动物。

大猩猩　猿类中体型最高大的大猩猩，却是爱吃树叶和树枝的素食主义者。

我们用红屁股传递爱意

在发情期，雌猴的臀部会渐渐变红。

“猴子小姐，请接受我的爱。”

这时雄猴会慢慢靠近，表达爱意。

雌猴若接受雄猴，就会开始交配。

臀部通红的雌狒狒　雌猴臀部通红是发情的信号，会吸引雄猴过来交配。

正在交配的日本猴 居住在日本北部的日本猴正在进行交配。交配结束后，原本涨红的臀部便恢复到原来的颜色。

交配期的日本猴 进入秋天交配期，日本猴的脸和臀部会变成鲜红色。

猿和猴的臀部为什么红红的呢？

猿和猴的臀部因为没有毛发保护，在薄皮肤表层下的血管呈鲜红色，所以看起来红红的。而在交配期就会变得更为鲜红，尤其是雌性。

刚出生的猴宝宝还无法自己行走，必须依赖妈妈。
它吸食母乳，慢慢地长大。
猴宝宝可以爬树后，就要开始学习独立了。

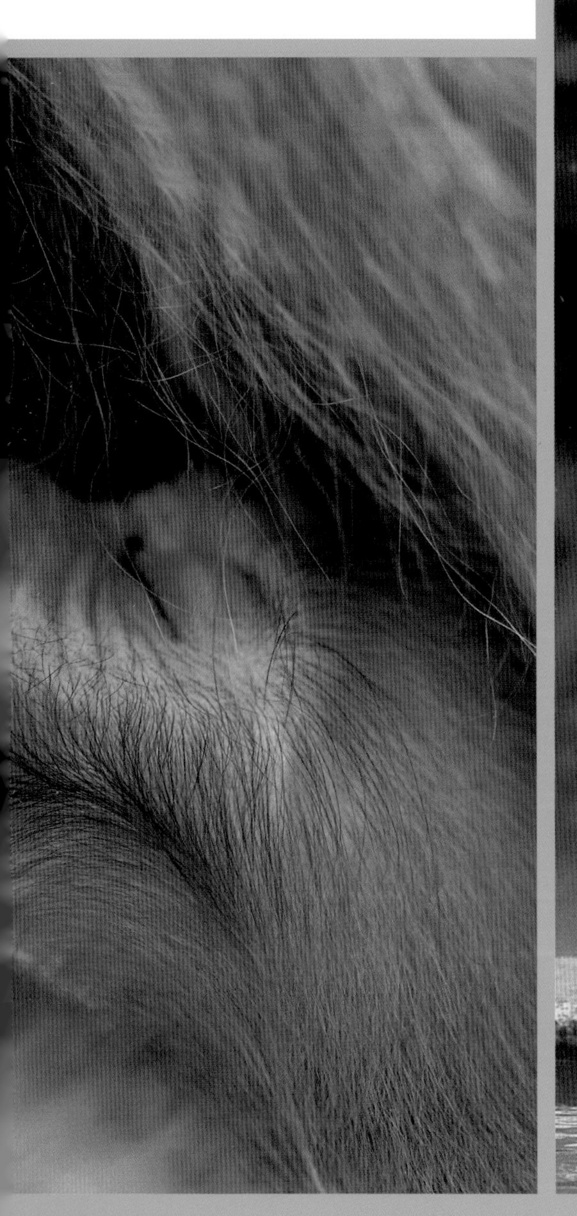

还无法自己行动的猴宝宝，总是依偎在妈妈的怀里或趴在妈妈的背上。

我的成长记录

雌猴和雄猴交配后几个月，
猴群中传出了好消息。
“我们可爱的猴宝宝出生了！”
猴宝宝正美美地吮吸着妈妈的乳汁。

01

交配后5～6个月，日本猴会产下一只猴宝宝。

02

刚出生的猴宝宝，会循着妈妈身上的味道找寻乳头，找到后便会用力吮吸。

需要妈妈照顾的猴宝宝 猴宝宝在长大独立之前，都需要在妈妈的照顾下才能生存。在成长的过程中，会碰到弟弟或妹妹出生的情况，这时候就要和弟弟、妹妹一起接受妈妈的照顾。

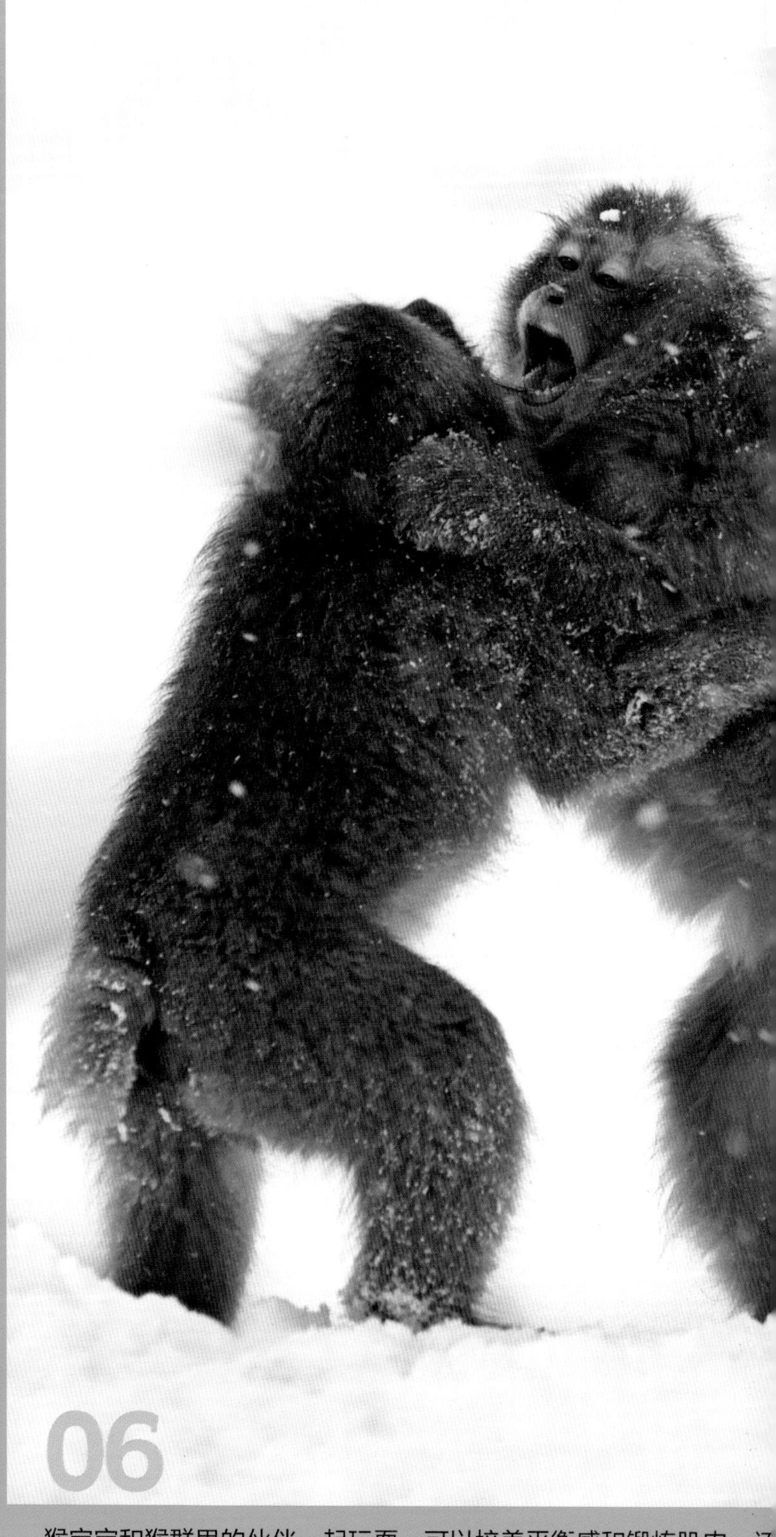

06

猴宝宝和猴群里的伙伴一起玩耍，可以培养平衡感和锻炼肌肉，还
习如何过群体生活。

能学

猴宝宝从妈妈和其他成年猴身上学习各种生活技能，并且和同伴们一起玩耍，慢慢地学习独立。雌猴宝宝约3岁、雄猴宝宝约4岁的时候便可独立生活，也可以进行交配。

猴宝宝吸食母乳的时间长达9~13个月。它吮吸着妈妈的乳汁，一天一天地长大。

猴宝宝四肢有力气之后，就可以
自在地爬树了。

我们生活在一起

“我家有爸爸、妈妈、姐姐、哥哥和我。”

“还和很多其他家庭一起生活。”

大家在一起觅食，共同击退敌人，

猿、猴的群居生活十分和谐。

集体行动的狒狒　狒狒过着群居生活。它们体型高大，社会分工严谨，很少被其他动物攻击。

常识小课堂

猴子的群居生活如何形成？　一个猴群是由一只到数只成年雄猴，以及许多雌猴和幼猴组成的。猴群中的成年雄猴为猴王，若有多只成年雄猴，就由最强悍的为猴王。群体中的雌猴和幼猴都有亲缘关系，当雄性幼猴接近性成熟时，必须离开原生猴群，这样避免了近亲繁殖。因此猴群中的成年雄猴都是外来的。

群居生活的大猩猩 大猩猩的家族成员较少，白天大多在地面上活动，晚上则回到树上睡觉。大猩猩是猿类中体型最大的，力气也很大，几乎没有天敌。

亲密无间的理毛行为

“我来帮你清理一下身上的毛吧！”

“真是太舒服了。”

猿和猴的族群成员十分亲密，

会相互理毛，保持身体洁净。

相互理毛 黑猩猩会相互清理身上的毛，不仅可以去除身上的寄生虫，还能取得彼此的信任，增进亲密感。

除了家人以外，猿、猴会帮同伴理毛吗？ 会。即使不是家人，猿、猴也会互相帮忙理毛。通常是辈分低的猿、猴帮辈分高的清理皮毛。同年龄的猿、猴相互理毛，会让彼此关系更亲密。

聒噪的沟通交流

“我的宝贝，你在哪里啊？”

“我在这里！”

猿和猴发出很大的声音呼唤或回应同伴。

在森林里，猿和猴会发出各种声音来进行交谈。

吼叫示警 吼猴会利用吼叫声通知同伴，警告有敌人来袭。

和同伴交谈　每只黑猩猩的吼叫声都不同，因此它们可以凭吼叫声来辨别身份，或者和同伴进行交谈。

恐吓对方　狒狒为了让对方害怕或生气，会露出尖锐的牙齿，并大声吼叫。

呜喔呜喔　“呜喔呜喔”是黑猩猩发出的声音。就像每个人的声音都不同，每只黑猩猩的声音也不一样。同一个群体的黑猩猩，会发出30种以上不同的声音，来表达它们的感情和想法。

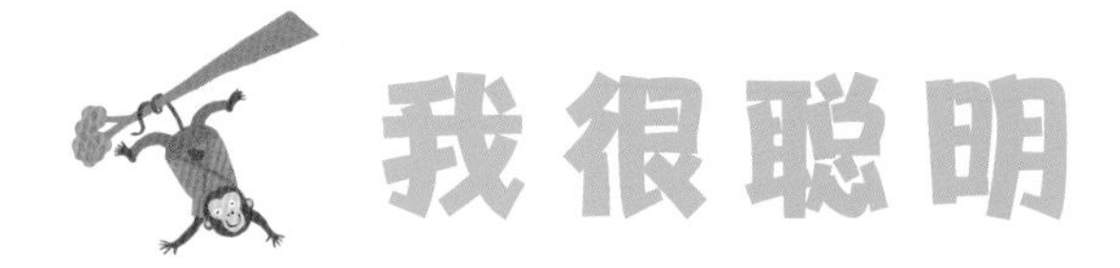

我很聪明

“我们可是很聪明睿智的。”
一起来看看猿和猴有多聪明吧！

泡温泉　天气冷的时候，日本猴会跳进热乎乎的温泉，不但可以保暖还能把身体洗干净。

用石头敲开果壳 黑猩猩会把植物的果实放在较平的石头上，用方便抓握的石头当工具，用力将坚硬的果壳敲碎，食用里面的种子。

用叶子盛水 黑猩猩会用叶子盛水来饮用。

（答案在第49页）

黑猩猩会使用各式各样的工具。
不管是藏在坚硬椰子壳里的汁液，
还是躲在洞穴内的白蚁，
黑猩猩都有办法用各种工具把它们挖出来好好享用。

饮用椰子壳内的汁液

先用石头大力敲打椰子，敲出裂痕后，再剥去椰子壳，留下果核。

然后就可以饮用从洞中流出来的椰子汁了

接着利用尖锐的树枝，在果核上钻出一个洞。

食用 洞穴内的白蚁

将细树枝或草梗放在嘴里，把口水涂在上面，当作钓白蚁的工具。

慢慢将细树枝插入白蚁的洞穴，等白蚁群受到刺激，会成群爬上这根树枝。

将树枝抽出来，一口一口将上面的白蚁吃掉。

向长辈们学习

“我们从长辈身上学会使用工具。”
猿、猴跟人类一样，懂得学习与传承。
它们向有经验的长辈学习生活经验，
长大后，再传承给下一代。

学习捕食　小黑猩猩观察成年黑猩猩如何捕捉白蚁，再跟着模仿捕食。

学习并传播知识　日本猴本来没有清洗番薯后再食用的习惯，据说自从有一只日本猴开始这么做，发现清洗后的番薯更美味，其他的日本猴也跟着模仿，于是这个方法就在猴群中传播开来。

自行捕食　小黑猩猩从成年黑猩猩那里学到捕捉白蚁的方法，正在努力自己捕食。

我们都是一家人

“我的头顶没有头发，所以叫作红秃猴。”

“我的鼻子很长，所以叫作长鼻猴。”

猴子的种类很多，长相也各有特点。

红秃猴 全身有长毛，毛色有白色、浅褐色、红色等。因头顶没有毛，而被称为红秃猴。生活在南美洲亚马孙盆地的热带雨林，主要以植物的果实为食。

眼镜猴 大大的眼睛像是戴上了眼镜。体型非常娇小，体重只有100~130克。生活在东南亚的许多小岛上，大多在夜间活动，以捕捉昆虫为食。

长鼻猴 主要特征就是又大又长的鼻子。生活在印尼的婆罗洲岛上，主要以树叶为食。

狒狒 通常在地面活动，过着组织严密的群居生活。体型高大，喜欢集体行动，因此天敌很少。主要分布于非洲，为杂食性动物。

金毛狨 全身覆盖着金黄色的毛，生活在巴西的热带雨林，以果实和昆虫为食，也会捕食蜥蜴、青蛙等小动物。

蜘蛛猴 利用长长的四肢和尾巴在树木间自由穿梭，行动看起来像蜘蛛一样，所以称为蜘蛛猴。它有灵活的长尾巴，可以紧紧地缠绕着树枝，悬吊在树上支撑身体的重量。生活在中南美洲，以植物的果实为食。

日本猴 又称为雪猴，是生长在寒冷地区的猴子，以果实、树叶等为食。

松鼠猴 体型娇小，体重只有500~1000克，常常被当成宠物饲养。分布在南美洲，以果实和昆虫为食。

环尾狐猴　脸部像狐狸，长长的尾巴上有很多环状条纹，因此称为环尾狐猴。生活在非洲的马达加斯加岛，以树叶、果实等为食。

山魈　最大的特征是脸上红色的线条延伸至整个鼻梁。个性凶猛，是体型最大的猴子。分布在非洲的热带雨林，是杂食性动物。

猴子生活在哪些地方？　目前全世界有100多种猴子，除了日本猴居住在下大雪的温带地区以外，大部分的猴子生活在热带或亚热带地区。

“我们和人类很像。”

猿没有尾巴，脑部结构比猴子复杂，

通常在地面上生活，但也能在树上生活。

猩猩 主要在树上生活，以果实为主食。马来语称它为“在森林中生活的人”，分布在印尼婆罗洲和苏门答腊的雨林。

大猩猩 虽然是体型最大的猿类，但很温和。只吃树叶和根茎等，是“素食主义者”。居住在非洲。

黑猩猩 智商较高，会自己制造工具用来捕食，属于杂食性动物。生活在非洲中西部。

和猿、猴一起玩吧！

猿和猴

猿和猴都属于灵长目的哺乳动物，生活习性、动作和人类很像，有些猿、猴还能用后肢站立。大部分的猿和猴生活在森林里，过群居生活。在所有猿、猴当中，最聪明的是黑猩猩，会制造各式各样的工具并使用。

黑猩猩的智商到底有多高？

黑猩猩的长相、动作和人类很像。针对黑猩猩所做的研究报告显示，黑猩猩拥有高智商，和人类一样会使用工具。黑猩猩到底有多聪明呢？

致力于研究黑猩猩的珍妮·古道尔博士

珍妮·古道尔博士是研究动物行为的学者，她最先发现黑猩猩能像人类一样制造并使用工具。1960年，古道尔博士来到非洲坦桑尼亚的坦噶尼喀湖畔，不顾危险深入丛林，第一次尝试和野生黑猩猩一起生活，借以研究黑猩猩的行为和它们的生活环境。

很多学者曾经认为，只有人类才懂得如何制造并使用各式各样的工具，以及拥有复杂的社会结构。但是通过古道尔博士的研究，我们知道了黑猩猩也像人类一样，会制造并使用工具，能表达丰富的情感，也有着严谨的社会结构。

黑猩猩之母——珍妮·古道尔 不论是在研究室，还是在动物园生活的黑猩猩，古道尔博士都积极推动各项活动，以改善它们生活的环境。

帮黑猩猩取名字

珍妮·古道尔博士自从发现黑猩猩拥有情绪，并且和人类一样能思考之后，认为每一个黑猩猩都有自己的个性，所以帮它们一一取了名字。受到珍妮·古道尔博士的影响，非洲坦桑尼亚亚马哈勒山国家公园也开始给公园里的黑猩猩取名字。在日本京都大学灵长类研究所会帮每一只黑猩猩取名字。从此，世界上很多国家研究，都会帮黑猩猩取名字。

黑猩猩智商的发现

黑猩猩会骑脚踏车，还会做简单的针线活，许多人类会做的事，它们也会做。曾经有人对一只黑猩猩进行听障人士使用的手语训练，结果这只黑猩猩学会了约250种手语，并且能够用手语和人类沟通。在日本，有一只家喻户晓的天才黑猩猩“小爱”，能分辨数字和文字，还可以将文章输入电脑。小爱通过电脑的触控面板，学习物体的名称、认识颜色和数字。它8岁的时候，就已经学会了14种物体的名称、11种颜色和6位数的数字。小爱产下的幼仔小步也非常聪明，才1岁6个月就已经认识数字1到9了。

学习中的小爱 小爱能通过电脑的触控面板，分辨数字和文字，还能将文章输入电脑。

小爱和小步 小爱和小步在日本京都大学灵长类研究所内接受训练。在某些领域的测验，有时候它们完成的速度比人类还快呢！

寺院中的猴子

在尼泊尔和泰国的寺院中，可以看到许多猴子到处攀爬，穿梭自如，在寺院里自由自在地生活着。现在让我们一起去看看吧！

尼泊尔的猴庙

坐落于尼泊尔首都加德满都西边的苏瓦扬布拿，是尼泊尔历史最悠久的寺院，也是联合国教科文组织指定的世界文化遗产“加德满都谷地”的景点之一。“苏瓦扬布”在尼泊尔文的意思是“自体放光”，相传过去这里生长着发光的莲花，而“拿”是“寺院”的意思。寺院周边的山丘上有许多野生的猴子，僧侣们会定期喂养，所以这里又被称为猴庙。

寺院中间耸立着巨大的佛塔，是尼泊尔最具代表性的建筑之一。

苏瓦扬布拿里的猴子。

泰国的寺院

泰国信仰佛教的人数占总人口的95%以上，是名副其实的佛教国家。佛教严禁杀生，因此寺院里到处可见自由自在的狗和猴子。例如，猴山洞卧佛寺，还有洛布里的许多寺院，很容易看到成群的猴子，而这些寺院也都是当地著名的景点。

泰国洛布里的猴子节

泰国洛布里住着上千只猴子，在每年11月的最后一个星期日，会举办猴子节。最早的发起人是当地一位企业家，他认为自己的事业能如此成功都是托猴子的福，于是便发起了这个盛会。

民众为了表示对猴子的感激之情，当天会将场地布置得美轮美奂，还会准备丰盛的食物给猴子享用。

除了泰国民众之外，很多来自世界各地的观光客，也会特地赶来参加这个一年一度的特别盛会。

猴子享用人们特地准备的食物。

艺术作品里的猿和猴

自古以来，人们对和人类相似的猿和猴充满了亲切感。因此猿、猴常成为小说、漫画和电影的主角，也常出现在画作及雕刻作品中。

画作中的猴子

乔治 · 修拉是法国点彩画派的代表，仔细看他的画，会发现都是用五颜六色的小点所组成的。他的画作常以都市的人物风景为题材，在《大碗岛的星期天下午》这幅画作中，撑着洋伞的女士正牵着一只猴子呢！

法国画家亨利 · 卢梭在《快乐的小丑》画作中，用幻想的方式刻画出在神秘热带丛林中猴子的身影，充满着童话般的魅力。

《大碗岛的星期天下午》 这幅画描绘出人们在大碗岛上休息和度假的情景。

《快乐的小丑》 卢梭笔下的植物和猴子，与现实中的样貌有些不同，是以较夸张和神秘的手法来表现的。

雕刻作品中的猴子

因为猴子和人类很像，从很早以前就被视为具有特别意义的动物。在古代文明中，猴子是跟随太阳神的侍从，也被认为是智慧之神及学者的守护神。在日本的东照宫墙壁上刻着三只猴子，分别用前肢遮住耳朵、嘴巴、眼睛，这是取自《论语》的“非礼勿听，非礼勿言，非礼勿视”的含义。

除此之外，在信奉佛教或印度教的东南亚国家，也有许多关于猴子的雕刻品。这是因为在佛教里，猴子和狮子、龙一样，被认为是信奉佛教的动物。在印度教里，大象和猴子代表着神圣，因此受到人们的崇拜。

狒狒石雕 这是公元前1350年出现在埃及的狒狒石雕。古埃及人认为狒狒是月神的侍从。

普兰巴南神庙的猴子雕像 位于印尼爪哇岛上的普兰巴南神庙，在1991年被联合国教科文组织列入《世界文化遗产名录》。

东照宫的猴子壁雕 东照宫位于日本东京附近的日光市，建于1617年，1636年扩建，原是日本早期大将军德川家康的家庙。墙壁上的猴子雕像模样生动，又隐含哲理。

什么是灵长类？

灵长类动物可以分为简鼻猴和原猴两大类。简鼻猴包括大多数的猴和类人猿，而原猴中最有名的就是狐猴和眼镜猴了。

体型最小和体型最大的猴子是哪两种？

体型最小的是侏儒狨猴，去除尾巴，体长只有12～15厘米，体重100~140克。体型最大的是山魈，体长80~100厘米，体重11~36千克。

侏儒狨猴

日本猴是怎样开始泡温泉的？

生活在日本最北方的日本猴，在雪花纷飞的冬天里会泡温泉。其实，日本猴原本并不会泡在温泉里，可能是因为偶然间，有一只日本猴想要捡掉进温泉的苹果，只好下水，之后发现温泉热乎乎的，觉得很舒服。从此以后，日本猴就开始泡温泉了。

日本猴是怎样开始用海水洗番薯的?

1953年，研究人员发现，有一只住在幸岛的日本猴会用海水将番薯洗干净后再食用，所以就用日本语的番薯，替这只猴子取名为“依某”。洗番薯这个行为渐渐扩展到了其他猴子族群，最后所有日本猴都学会了用海水洗番薯，甚至有的猴子会把番薯浸泡在海水里。研究团队经过长时间的观察，发现日本猴很喜欢盐的味道。直到现在，日本猴还是会这么做。

黑猩猩会感冒吗?

黑猩猩有98%以上的基因和人类一样，是最像人类的猿，因此黑猩猩也会感冒，跟人类一样会打喷嚏、流鼻涕。感冒通常是由病毒引起的，其中最常见的鼻病毒，会在人类和黑猩猩的体内引发疾病。得感冒的黑猩猩会慢慢自己痊愈，但若有新的病毒入侵体内，转成传染病，就有可能夺走许多黑猩猩的性命。

黑猩猩可以活到多少岁?

野生的黑猩猩平均寿命是45~50岁。在动物园里人工饲养的黑猩猩寿命较长，有的可以活到60岁以上。

和爸爸妈妈一起答（答案）

第11页→各有5根

第31页→石头

更多小知识

想更进一步了解猿和猴吗？以下推荐相关纪录片，适合亲子一同观赏。

英国BBC纪录片：珍妮·古道尔一美女与野兽（Jane Goodall Beauty And The Beasts）

版权贸易合同登记号 图字：01-2020-1480

图书在版编目（CIP）数据

真实的大自然. 陆地动物. 3. 猿和猴 / 韩国与元媒体公司著；胡梅丽，马巍译. -- 北京：电子工业出版社，2020.7
ISBN 978-7-121-39156-9

Ⅰ. ①真… Ⅱ. ①韩… ②胡… ③马… Ⅲ. ①自然科学－少儿读物②灵长目－少儿读物 Ⅳ. ①N49②Q959.848-49

中国版本图书馆CIP数据核字(2020)第108214号

责任编辑：苏　琪
印　　刷：北京利丰雅高长城印刷有限公司
装　　订：北京利丰雅高长城印刷有限公司
出版发行：电子工业出版社
　　　　　北京市海淀区万寿路 173 信箱　邮编：100036
开　　本：889×1194　1/16　印张：17.5　字数：265.50 千字
版　　次：2020 年 7 月第 1 版
印　　次：2022 年 3 月第 2 次印刷
定　　价：234.00 元（全 6 册）

凡所购买电子工业出版社图书有缺损问题，请向购买书店调换。若书店售缺，请与本社发行部联系，联系及邮购电话：（010）88254888，88258888。
质量投诉请发邮件至 zlts@phei.com.cn，盗版侵权举报请发邮件至 dbqq@phei.com.cn。
本书咨询联系方式：（010）88254161 转 1882，suq@phei.com.cn。

小猛犸童书
第二书房
My Second Study
2020年度第八届
中国童书榜获奖童书
真实的大自然
给孩子一座自然博物馆
陆地动物3
蛇
韩国与元媒体公司 / 著
胡梅丽 马巍 / 译
電子工業出版社
Publishing House of Electronics Industry
北京·BEIJING

带孩子走进真实的大自然

——送给孩子一座自然博物馆

大自然本身就是一座气势恢宏、无与伦比的博物馆。自然万象，展示着造物的伟大，彰显着生命的活力。我们在这样的自然奇观面前，心潮澎湃，敬畏不已。为人父母，没有人不愿意尽早地带孩子领略这座博物馆的奥秘和神奇！然而，这又谈何容易？一座博物馆需要绝佳的导游，现在，《真实的大自然》来了！

《真实的大自然》之所以好，至少有以下几方面：

一，真实。市面上，真正全面、真实地反映自然的大型科普读物并不多见。好的科普读物，首先必须建立在严谨的科学知识的基础上。现在，科学素养越来越成为一个人的立身之本。这套书，是多位世界级的生物科学家的“多手联弹”，4000多张高清照片配合着精准有趣的文字描述，重现地球生命的美轮美奂。长颈鹿脖子有多长？鸵鸟有多大？都用1:1的比例印了出来！当孩子打开折页，真实的大自然变得伸手可及。

二，诚挚的爱心。大自然并不是一座没有感情的机器，每一种动物，都有自己充满爱心的家庭，每一个小生命毫无例外，都得到了深深的关爱与呵护。这种爱心，甚至遵循着无差别的平等伦理，家庭成员相互之间也是无差别的友爱。比如，大象宝宝掉到泥池中，它的三个姐姐又是拽又是推，愣是把弟弟救上岸。大象姐姐不幸离世，弟弟还用鼻子摸一摸姐姐，久久不愿离去；离开前，所有大象还用树枝默默地覆盖住尸体加以保护。过了很久它们还会再回来祭奠。这是多么神奇的生命教育课！

三，童趣十足。这套书貌似“硬科普”，但语言亲切、质朴，充满情趣，不急不躁，耐心地从孩子的角度使用了孩子的语言，与孩子产生共鸣。比如：“哇！是蚜虫，肚子好饿啊，我要吃了。”“你是谁呀？竟然想吃蚜虫！”“哎呀！快逃！这里的蚜虫我不吃了。”“亲爱的瓢虫小姐，请做我的另一半吧！”“嗯，我喜欢你。我可以做你的另一半。”充满童趣的故事和画面贯穿全书始终。

四，画面震撼、生气盎然。每本书都会有一个特别设计的巨幅大拉页，使用一系列连续的镜头把动植物的生命周期完整重现出来。孩子从这些连续的图中，可以感受到大自然中每一个生物叹为观止的生命力。比如，瓢虫成长的14幅图加起来竟然有1.25米长！

五，精湛的艺术追求。艺术是人类的创造，然而艺术法则的存在在自然界却是普遍的事实。每一个生命中力量的均衡、结构的和谐、情感的纯朴、形象的变化，都气韵生动地展示出自然世界的艺术性力量。难能可贵的是，主创人员通过语言描述和视觉呈现，将这种艺术性逼真地表达了出来，激荡人心。

六，最让人感念的是无处不在的教育思维。虽然书中有海量的图片，但是仔细研究发现，没有一张图是多余的，每张图都在传递着一个重要的知识点。摄影师严格根据科学家们的要求去完成每一张图片的拍摄，并不是对自然的简单呈现，而是处处体现着逻辑严谨、匠心独具的教学逻辑。对每种生物都从出生、摄食、成长、防卫、求偶、生养、死亡、同类等多个维度勾勒完整的生命循环，呈现生物之间完整的生态链条。主创团队是下了很大的决心，要用一堂堂精美的阅读课，召唤孩子的好奇心和爱心，打好完整的生命底色，用心可谓良苦。

跟随这套书，尽享科学之旅、发现之旅、爱心之旅、审美之旅，打开页面，走进去，有太多你想象不到的地方，让已为人父母的你也兴奋不已。我仿佛可以看到，一个个其乐融融地观察和学习生物家庭的人类小家庭，更加为人类文明的伟大和浩荡而惊奇和感动！

让我们一起走进《真实的大自然》！

李岩

第二书房创始人 知名阅读推广人

审校专家

张劲硕 科普作家，中国科学院动物研究所高级工程师，国家动物博物馆科普策划人，中国动物学会科普委员会委员，中国科普作家协会理事，蝙蝠专家组成员。

高　源 北京自然博物馆副研究馆员，科普工作者，北京市十佳讲解员，自然资源部“五四青年”奖章获得者，主要从事地质古生物与博物馆教育的研究与传播工作。

杨　静 北京自然博物馆副研究馆员，主要研究鱼类和海洋生物。

常凌小 昆虫学博士后，北京自然博物馆科普工作者，主要研究伪瓢虫科。

秦爱丽 植物学专业，博士，主要从事野生植物保护生物学研究。

一条蛇扭着它长长的身躯，在草丛中“刺溜”一下滑过，从树根处往上爬，在树上爬上爬下。
蛇没有腿，它是如何在地面滑过，并能在树上上下爬行的？

咝！伸出舌头闻气味

刺溜！咝！

原本身体盘起来正在休息的蛇，忽然“刺溜”一下展开身体，伸出舌头

“咝！嗯，有可口的气味传来，看来附近有食物啊。”

末端裂开的长长舌头不停伸出、缩回，蛇同时移动着自己长长的身体。

吐芯子的蛇 蛇的视力不好，虽然能看见近处移动的物体，但远处的就无法看清了。取而代之，帮助蛇判断环境的是它的舌头，蛇通过不停地伸出和缩回裂成两股的舌头，嗅着气味来判断周边的情况。

蛇长长的、没有四肢的身体贴在地面上，顺着气味传来的方向，弯弯曲曲地爬行。“咚咚！咚咚！”猎物行动的震感传递到贴附在地面的蛇身上。微风习习，带来“食物”可口的香味，蛇通过伸出的舌头感知到散发气味的方向。“哎呀，美味的食物原来就在这儿啊！”

顺着气味找到老鼠的玉米锦蛇 虽然蛇的舌头几乎无法用来感知味道，但是却能帮助它们辨别方位、判断情况。蛇可以通过舌头嗅到气味，从而得知周围是否有敌人、是否有食物存在。

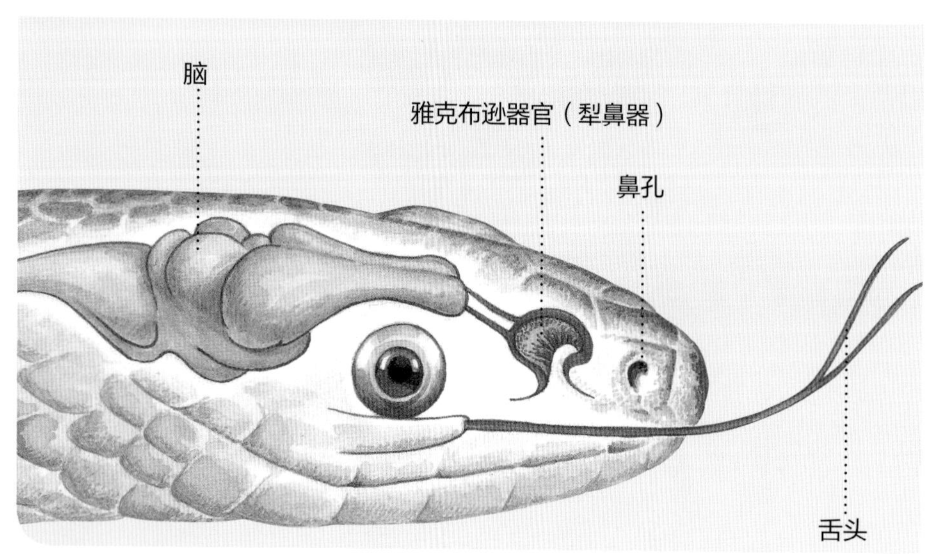

雅克布逊器官 蛇通过不断伸缩舌头，捕捉到空气中的气味粒子，然后输送到位于口腔内上颚的雅克布逊器官。雅克布逊器官中有能辨别气味的细胞。

接近箭毒蛙的翡翠树蚺 这条循着箭毒蛙的气味悄悄靠近的蛇，正在等待机会，准备一举抓住箭毒蛙。

我就长这个样子

看，虽然没有腿，但是身材纤长的蛇，正伸出舌头，卖弄着自己的身材。“我的身材如此苗条修长，可以悄无声息地溜达到各个地方，是不是很… 我的嘴不知道有多大呢。啊——还有像我一样能把嘴张这么大的动物吗？蛇的两颌咧开，下颌能张开到非常大的程度。

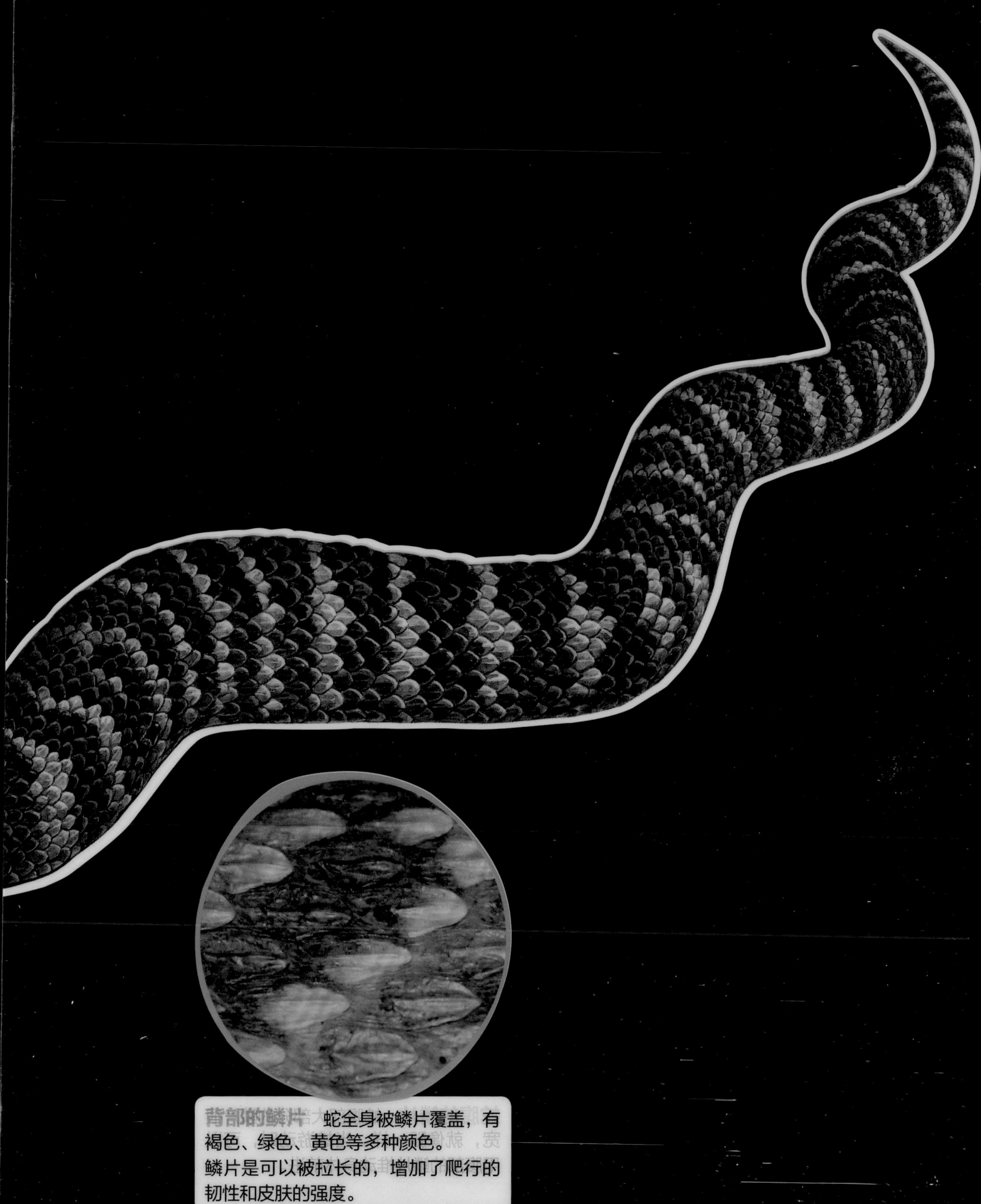

背部的鳞片 蛇全身被鳞片覆盖，有褐色、绿色、黄色等多种颜色。鳞片是可以被拉长的，增加了爬行的韧性和皮肤的强度。

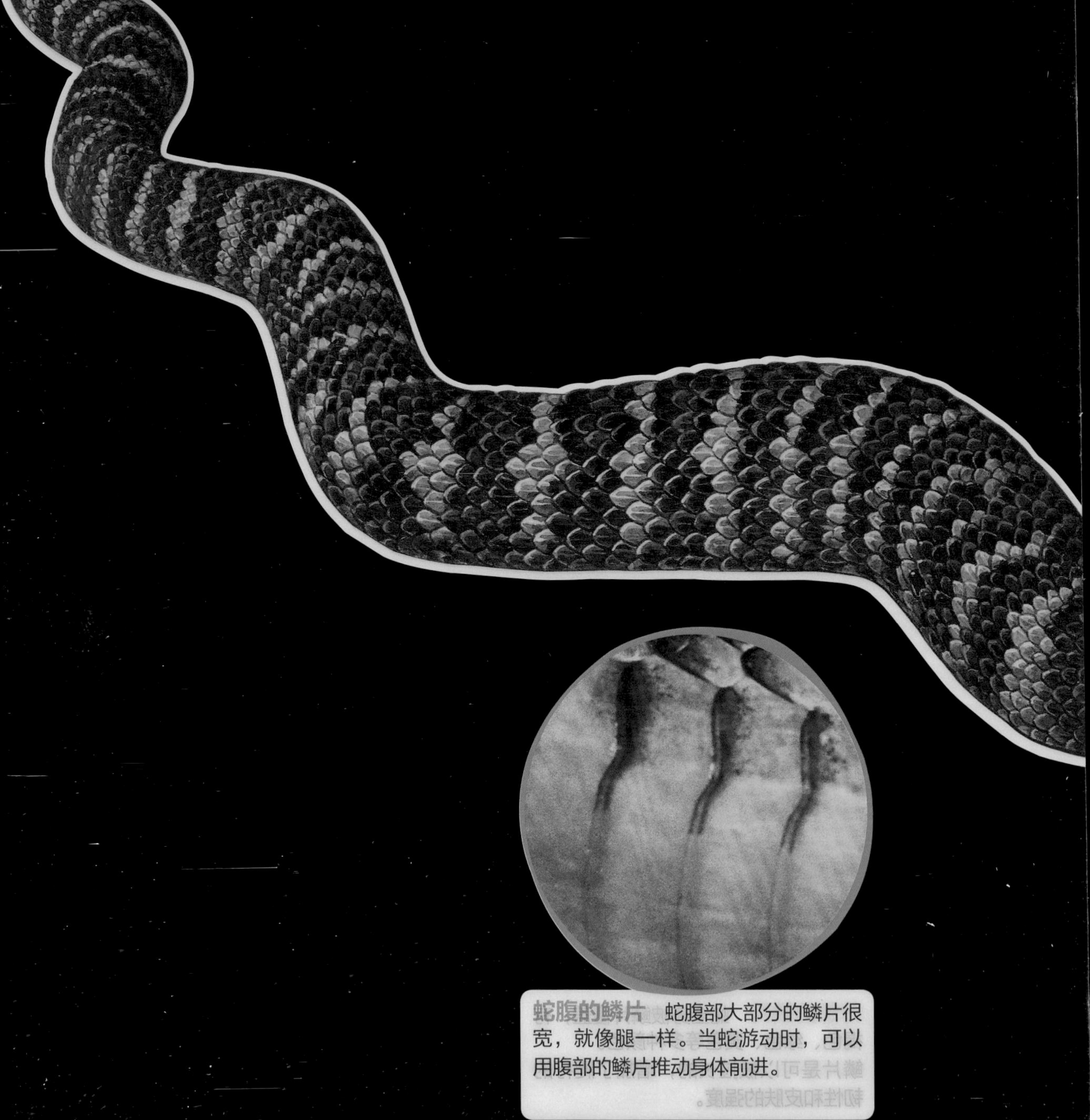

蛇腹的鳞片 蛇腹部大部分的鳞片很宽，就像腿一样。当蛇游动时，可以用腹部的鳞片推动身体前进。

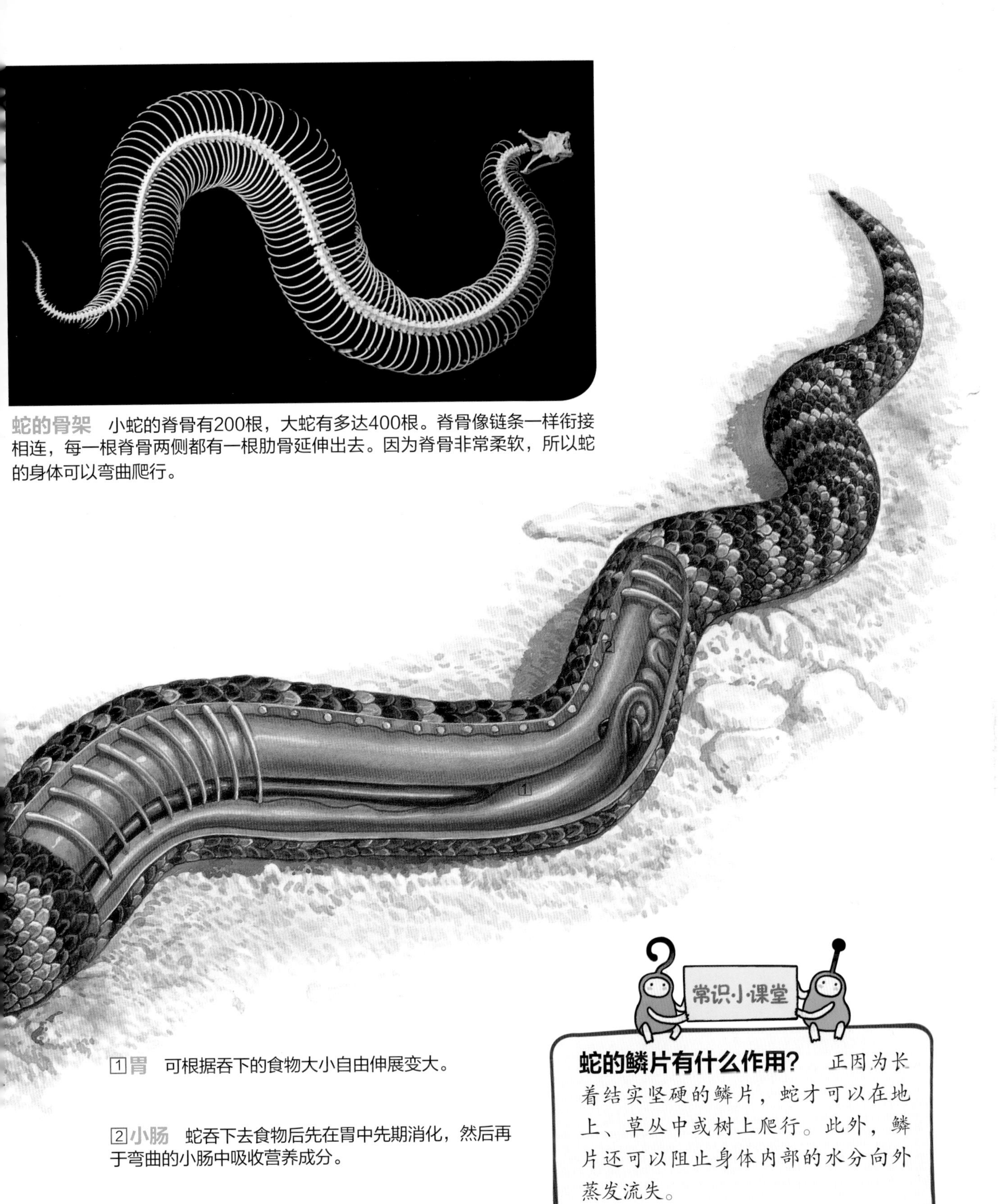

蛇的骨架　小蛇的脊骨有200根，大蛇有多达400根。脊骨像链条一样衔接相连，每一根脊骨两侧都有一根肋骨延伸出去。因为脊骨非常柔软，所以蛇的身体可以弯曲爬行。

1 **胃**　可根据吞下的食物大小自由伸展变大。

2 **小肠**　蛇吞下去食物后先在胃中先期消化，然后再于弯曲的小肠中吸收营养成分。

常识小课堂

蛇的鳞片有什么作用？　正因为长着结实坚硬的鳞片，蛇才可以在地上、草丛中或树上爬行。此外，鳞片还可以阻止身体内部的水分向外蒸发流失。

没有腿也能行动自如

蛇拖着它长长的身体，这里爬爬，那里扭扭。
扭动着身体，它可以到达任何地方。
即使没有耳朵，听不到声音，没有腿，无法行走，也不用担心。
“像我这样试试。身体蜷缩起来，然后再展开，这样就能前进了。”
蛇的脊骨特别柔软灵活，所以能一扭一扭地爬行。

地上爬行的牛奶蛇 腹下坚硬的鳞片贴在地面上，推动着身体，向前滑动。

在树上爬行的蟒蛇 在树上生活的蟒蛇可以将身体缠绕在树枝或树干上，通过不断伸展和蜷缩身体，得以向前爬行。

沙漠中爬行的蝰蛇 沙漠中生活的蝰蛇，头和尾巴的一部分可以作为支柱，将身体从地面抬起，然后抛下，通过这种方式得以前进。移动时身体会往旁边弯曲行进，看起来就像飞镖一样在转动，所过之处留下横向的条纹印记。

不管多大的食物，我都能吞下

“我呀我呀，一流的猎人！我呀我呀，冷酷的猎人！”

蛇能一口吞下比较小的猎物。

遇到体型较大的猎物，它们则会用全身紧紧缠住并勒紧对方，然后张开血盆大嘴，不管多大的猎物，也能吞下。

吞下猎物[illegible]的非洲岩蟒 一些体型较大的蟒蛇因为力气很大，所以捕猎时通常会用自己的身体先将猎物勒死。一旦身体被蟒蛇紧紧缠住，不管体型多大的猎物很快就会透不过气来，窒息而亡。蟒蛇在吞食物时会分泌出大量的唾液，所以有毛的动物也能顺畅地吞下去。

常识小课堂

蛇一般捕食什么样的动物？ 蛇大多捕捉活着的生物来吃，像蛙类、鸟儿、蜥蜴、老鼠等都是蛇非常喜爱的食物。一些体型巨大的蟒蛇甚至捕食像鹿、猪甚至鳄鱼这样巨大的动物。

猛扑过去抓到一只大蟾蜍的游蛇 蛇捕猎的方法有很多种：有些会藏起来静静等待猎物经过；也有些会直接追赶动物；还有一些会悄悄靠近，不让猎物察觉。但是不管用什么方法，在攻击的瞬间都是猛扑过去，用力咬住猎物，或者用身体紧紧缠住猎物。

“嘴再张大一点，再大一点点就可以了。”

蛇将嘴张得大大的，然后把食物一口吞下。

而毒蛇会用它那锋利的毒牙迅猛地咬住猎物，分泌出毒液。

进入嘴里的猎物顺着蛇的身体，弯弯曲曲地往下滑去。

张开大嘴吞下青蛙的猪鼻蛇 猪鼻蛇主要捕食蛙类。

菱斑响尾蛇的毒牙 它是体型最大的响尾蛇，长着毒牙的蛇张开嘴时，又细又长的毒牙会往前凸出，当嘴闭上时牙齿往后折叠。

有毒的蛇有哪些？

有毒的蛇叫作毒蛇。毒蛇有蝮蛇、黑眉蝮蛇、虎斑颈槽蛇、眼镜蛇、响尾蛇、海蛇等。

吞下鲵鱼的白纹蝮蛇 这是一种生活在水岸附近的水蛇，以捕食鲵鱼、小鱼为生。

吞下猎物后正在休息的蟒蛇 当蛇的体温升高时，消化能力更强，所以进食结束之后，蛇经常会到阳光底下晒太阳。如果进食后的蛇无法获得热量，吞下去的食物将无法被及时消化，严重时可能危及生命。

顺着微风送来的气味，寻找我的伴

到了交配季节的母蛇会散发出一种气味，这种味道顺着微风，习习飘来

闻到母蛇气味的公蛇们为了占有母蛇，展开了一场决斗。

“嘿，这位蛇小姐是我的。”“不行，她应该是我的。哼！”

交配结束，不久后母蛇产下漂亮的蛇蛋。

为了争夺母蛇而决斗的公马达加斯加大猪鼻蛇 为了争夺母蛇的交配权，两条公蛇正在进行决斗。它们的头高高抬起，意图爬上对方的身体。

藤蛇的交配 公蛇和母蛇的身体紧紧缠绕在一起进行交配。

正在下蛋的加州王蛇 交配结束后，不久母蛇就在潮湿的泥土里或者腐烂的树木周围产下蛋来。一般一条蛇会下10~20枚蛋，但是也有些蛇下的蛋更多，而且蛇的种类不同，蛇蛋的形状和大小也不同。

宝宝将头探出来，舌头一伸一缩，
判断着周围是否安全。

确认周边环境安全后，蛇宝宝将身体从蛋壳中抽出来，在洞
近停留，进行第一次蜕皮。

和妈妈一模一样的蛇宝宝

“嗞！啪！”这是什么声音？好像有一层松软的薄皮被撕裂开，然后有什么东西出来了。

“是我，是我呀，蛇宝贝。看我灵活自如的小舌头。”

蛇宝宝观察着周围的环境，小心翼翼地从蛋壳中钻出来。

即使身量还小，但是蛇宝宝长像已经和爸爸妈妈一模一样了。

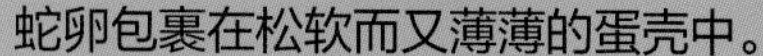

蛇卵包裹在松软而又薄薄的蛋壳中。

撕破蛋壳，平安出生的蛇宝宝开始独自狩猎，茁壮成长。

随着身体的长大，原本包裹身体的鳞片外衣变小了。

“哎呀，好郁闷。衣服变小了，看来我得换新衣服了。”

蜕皮之后的蛇宝宝长得很快。

02

孵化之前的蛇蛋从周围吸收湿气，蛋壳微微膨胀，给蛇宝宝制造出一些缝隙，方便它们撕破蛋壳后抽身出来。

盘卧休息的玉米锦蛇 大多数蛇在休息时会将身体盘成圈，盘卧着休息，头高高抬起。这样休息，相比身体展开时，头能看到更多的方位，更容易确认是否有敌人出现，而且在遭受敌人攻击时也更容易反击。此外，这样的姿势让蛇在逃跑时更容易找准方向，能尽快逃走。

身体每长大一点，就蜕一次皮。

一年约蜕1~2次皮之后，蛇宝宝长成了成年大蛇。

蛇宝宝慢慢长大，体型越来越大。

我讨厌寒冷，也不喜炎热

“哎呀，天气太冷，我的身体都僵硬得无法行动了。”
如果天气转冷，蛇的体温下降，身体会变得僵硬。
所以它们会在阳光下晒太阳，让身体暖和起来。
相反，如果体温过高，它们就会找个凉快的地方来散热乘凉。

正在岩石上晒太阳的红钻石响尾蛇 如果体温下降，蛇会爬出来晒太阳，让体温升高。

在荫凉处休息的黑尾响尾蛇 如果体温过高，蛇就会钻进岩石缝、背阴的草丛中，这样阳光照射不到、比较凉快的地方乘凉。

盘卧冬眠的北美蝮蛇 天气转凉之后，生活在温带的蛇会爬进石头缝或树根缝隙处“冬眠”，而热带地区生活的蛇在天气太过炎热时会“夏眠”。

变温动物 指体温随着周围的温度上升和下降的动物。如蛇、青蛙等变温动物因为无法长时间待在寒冷的天气中，所以冬天来临后，它们为了不被冻死，会停止活动，进入冬眠。

呀！可怕的敌人出现了！

“哎呀，獴来了！它把我的朋友抓走了！”

即使凶猛如蛇这样与生俱来的“一流猎人”，见到獴也是束手无策。

天上飞的鸟儿们也是蛇害怕的敌人。

除此之外，也有些大蛇，如眼镜蛇或巨蟒等，会捕食较小的蛇。

抓到蛇的獴 生活在非洲和印度的獴行动非常迅速，它们以极快的速度扑过去，紧紧咬住蛇的后脑勺，即便这条蛇毒性再强，也没法儿动弹。

正在吞食响尾蛇的加州王蛇 生活在亚洲的眼镜蛇、生活在美洲的巨蟒等体型较大地蛇，都会捕食包括毒蛇在内的其他蛇类。这些蛇对毒蛇的毒性完全免疫，所以吃下毒蛇也不会被毒死。

捕蛇的鹳 老鹰、秃鹫、鹳、猫头鹰这类鸟儿在空中飞过，发现地面爬行的蛇，就会悄无声息地降落下来，用锋利的嘴和爪子将蛇抓走。

看我自保的计谋怎么样?

蛇类为保护自己，计谋百出。

“我一遇到敌人就‘扑通’躺下装死。”

“我的身体会变得和颜色绚丽的毒蛇相似，这样敌人们以为我有毒，就不吃我了。”

“我全身颜色和周围环境相似，藏起来就谁也找不到我啦。”

珊瑚蛇的警戒色 珊瑚蛇全身的环纹颜色鲜亮华丽，它们以此来吓唬其他动物，告诉它们自己身体有剧毒，不要侵犯自己。

酷似珊瑚蛇的牛奶蛇 无毒的牛奶蛇的身体颜色和含有剧毒的珊瑚蛇非常相似，以此来骗过敌人。

装死的猪鼻蛇 猪鼻蛇在遇到敌人时，后颈皮肤可以膨起，吸满空气，发出“咝”的声音，以此来恐吓敌人。如果这样敌人还不离开，那它们就会将身体翻过来，“扑通”躺下，嘴张开装死。

藤蛇的保护色 藤蛇身体细长，全身是和树叶一样的绿色。它们将身体缠绕在树干或树枝上，慢慢移动时，不易被发现。

藏在沙子里的撒哈拉沙漠蝰蛇 生活在非洲和亚洲大陆的撒哈拉沙漠蝰蛇，白天会在沙子里打洞，钻进去休息，到了晚上则出来捕食狩猎。这样不仅可以避免白天体温过高，还可以躲避敌人。

警戒色和保护色 警戒色是为了恐吓意图攻击自己的其他动物而表现出的身体颜色或纹理。保护色则是为躲避其他动物的攻击、保护自身安全，而变成和周围环境相似的颜色。

我们都属于蛇类家族

“除了冷冰冰的南极，其他任何地方我们都能生存。”不管是广袤的草原、茂盛的密林，还是沙漠里、树上、海里、池塘、沼泽地或地底下，蛇都能生活。种类不同，蛇的体型和花纹、颜色也各不相同。

绿树蟒 生活在澳大利亚和巴布亚新几内亚的热带雨林中，体长120～180厘米。幼年时颜色为黄色或红色，慢慢长大之后，颜色会变成鲜绿色。

加蓬咝蝰 生活在非洲，体长约2米，身体厚实，头较宽，鼻子上方有2个犄角形状的凸起。

索诺拉巨蟒 生活在美国亚利桑那州和墨西哥西的索诺拉州等地的山区地带。

印度眼镜蛇 背部看上去就像戴着一副眼镜，所以叫眼镜蛇。这种蛇带有剧毒。

菱斑响尾蛇 尾部颤动时能发出声响。尾巴末端由一串骨质环组成，每次蜕皮时都能产生新的骨质环。这种蛇携带剧毒，一旦被咬，很可能丧命。

黄唇海蛇 海蛇的身体是扁平形，尾巴长得像桨，所以非常擅长游泳。生活在温暖的海洋里，含有剧毒，以捕食海里的鱼为生。

黄水蚺 生活在南美大陆，体型巨大，身长可达3米以上。虽然这种蛇在陆地上生活，但也很擅长游泳。黄水蚺力气很大，一旦发现猎物，就会用身体将对方紧紧缠住，直至猎物死去。

虎斑颈槽蛇 广泛分布在中国各地，俗称花蛇，有毒，一旦感知到危险，就会躺下装死。

棕黑锦蛇 在韩国、中国、俄罗斯等地都有分布。过去，在农村的石墙边或者田埂旁常常能看到它们，但是现在却面临着灭绝危机。

体型巨大的蛇主要生活在哪里？ 体型巨大的蛇大多生活在气候炎热的密林地区，水蚺类生活在南美密林，树蟒类在亚洲的丛林中生活。

和蛇一起玩吧！

蛇

属于爬行动物。蛇全身被鳞片覆盖。虽然没有四肢、眼皮和耳朵，但是对环境也能很好地适应，在世界各地都有分布。蛇没有耳朵，听不见声音，但是它独特的舌头非常灵敏，能通过嗅到的气味判断周围情况，而身体能敏锐地感知非常微小的振动。蛇是变温动物（俗称冷血动物），在寒冷的冬天会冬眠。大多数蛇是卵生动物，通过产卵进行繁殖，但是也有一些像蝮蛇这样胎生繁殖的蛇存在。

蛇是如何吞下很大的猎物的?

大多数的蛇会抓捕活着的动物吃。除了个头较小的蚂蚱、老鼠、蛙类等，比自己的头都要大很多的老鼠或兔子都直接吞下，大型蟒蛇甚至可吞食甚鹿等类似的大动物

让我们来了解一下，蛇是如何轻而易举地吞下比自己的头大很多的食物的。

发达的颌关节

蛇能吞下比自己的头大很多的食物，是因为蛇的颌骨和关节非常发达。包括人在内的大多数动物的上颌骨和头骨是贴合在一起的，由一个关节相连。但是连接蛇的上下颌的是其他骨头，这个骨头没有被固定，可以移动。而且蛇的下颌骨以柔软的韧带相连，不仅可以左右移动，还可以上下咧开。如果蛇的嘴张到最大程度，可以张开到180度。

蛇不能咀嚼或粉碎捕到的食物，所以会将上下颌大大张开，把食物整个吞下，这时形状像针一样的牙齿会钉入食物中，通过上下颌交错移动，像拉绳子一样，将食物往嘴里送去。

· 食蛋蛇吃鸡蛋的情形

上下颌大大张开，将鸡蛋整个推进去。

整颗鸡蛋被吞进去了。

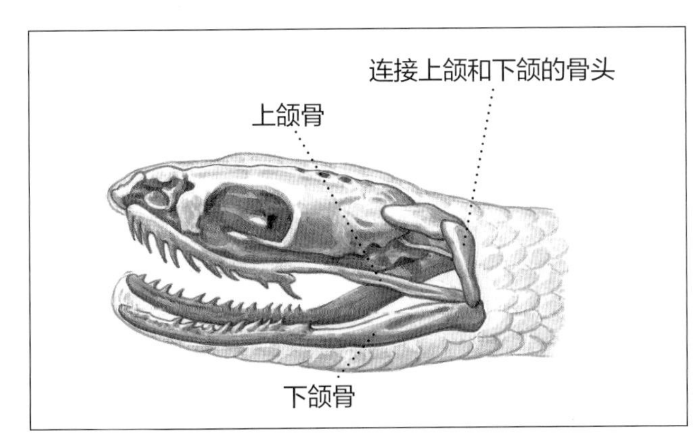

嘴不张开时

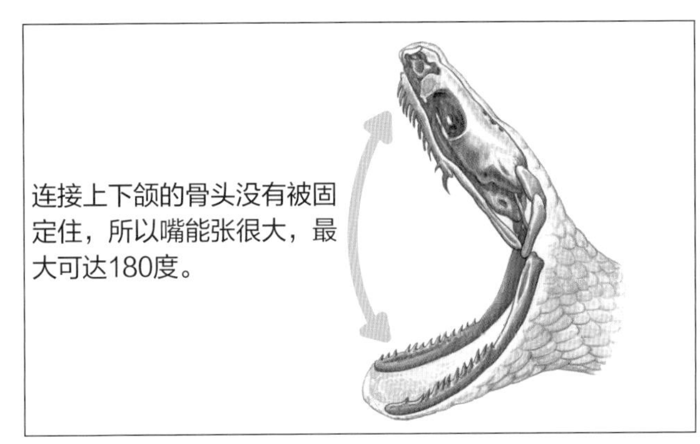

嘴张开时

不断拉伸的皮肤和柔软的肋骨

蛇的嘴可以张开很大，能将比自己头大很多的猎物整个吞进肚子里，而且会将食物往身体里面推挤。那么比蛇的身体大好几倍的食物，是如何顺着蛇的身体移动的呢?

蛇的皮肤非常富有弹力，就像橡胶手套一样可以拉长。蛇的皮肤上有鳞，如果吞下个头比较大的食物，鳞片之间的间隔会被拉到几倍长。此外，蛇的肋骨非常柔软，而且没有贴合到胸骨上，正因如此，拥有可以不断拉长的皮肤和柔软肋骨的蛇，即使吞下比自己身体大几倍的食物，也能通过强有力的肌肉运动，将食物从头部推向腹部。

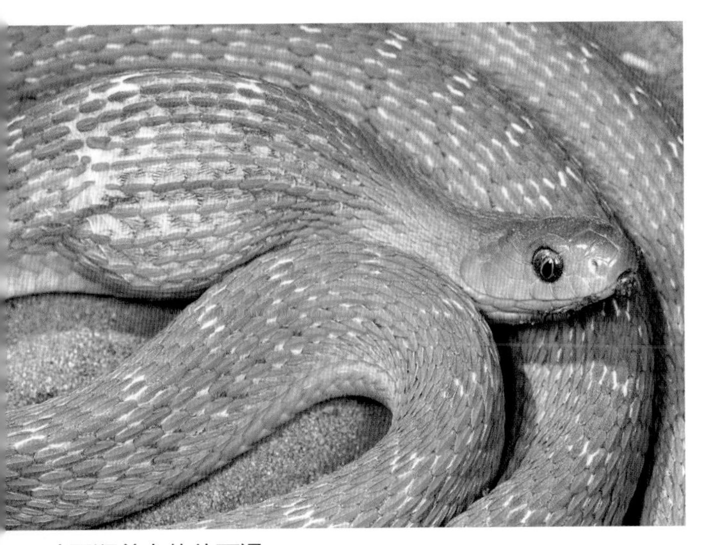
鸡蛋顺着身体往下滑。

鸡蛋顺着身体下滑时皮肤被拉伸。

美术作品中出现的蛇是什么样的?

《圣经》中的蛇被描述成了引诱夏娃摘下并吃掉善恶果的狡猾的动物，希腊神话中出场的巨蟒也被描述成残暴的动物。但是蛇并不都是狡猾和残暴的象征。在古埃及，蛇体现了强有力的王权，而且蛇还象征医学。接下来让我们来了解一下，美术作品中的蛇到底是什么样的吧。

古埃及象征王权的蛇

在过去的埃及，蛇是一种象征王权的动物。如果法老去世，会被戴上用黄金做成的面具，面具正面雕刻着头直挺竖立的眼镜蛇，而且在法老的棺木头部，也会雕刻和面具一样的眼镜蛇。传说，埃及王后克利奥帕特拉喜欢将蛇紧紧地缠绕在自己身上，这一情形在绘画和雕塑作品中都记录并流传下来了。

图坦卡蒙的黄金面具 埃及法老图坦卡蒙戴的黄金面具正面雕刻着眼镜蛇。

克利奥帕特拉 米开朗琪罗所画的画作。画中克利奥帕特拉的头和身上紧紧地缠着一条蛇。

《拉奥孔》雕像

雕像的主人公拉奥孔在特洛伊曾是侍奉阿波罗神的神官。但是在希腊意图攻打特洛伊时，拉奥孔放弃站在他所侍奉的神那边，而是选择和跟随他、信仰他的特洛伊人民站在一起。

拉奥孔察觉到希腊远征军利用木马攻入特洛伊城的计谋，阻止了他们进城。计划用木马消灭特洛伊的希腊神对拉奥孔非常恼火，海神波塞冬派出两条蛇，缠住拉奥孔和他的两个儿子的脖子，将他们杀死，之后希腊士兵攻入了特洛伊城。

希腊时代后期所制作、流传至今的这件雕塑作品于1506年被挖掘出来，一直受到众多艺术家们的追崇。

拉奥孔雕像 栩栩如生地刻画出了被蛇缠绕，即将痛苦死去的拉奥孔，以及难过地看着他的两个儿子的神情。

象征医学的蛇

在西方，蛇盘绕的权杖是医学及医学界的标志，这和希腊神话中的医师之神阿斯克勒庇俄斯有关。阿斯克勒庇俄斯在希腊神话中是阿波罗之子。一天，阿斯克勒庇俄斯杀死了一条蛇，其他的蛇衔来药草，抹在死去蛇的伤口处，救活了这条死蛇。看到这一幕的阿斯克勒庇俄斯对药草产生了兴趣，开始研究神秘的药草，用它来救死扶伤。

宙斯认为，死亡是人类理所应当必须接受的命运，但是阿斯克勒庇俄斯用药草救人，就是罔顾和违反了神的旨意，对此非常生气的宙斯将阿斯克勒庇俄斯杀死了。但是作为医师，尊重生命的阿斯克勒庇俄斯的功绩却受到了高度认可，被升上天空，化成了星座。此后，蛇被看作是象征医学的动物。

世界卫生组织（WHO）的会徽 一条蛇在象征阿斯克勒庇俄斯的权杖上盘绕而上。

蛇是如何蜕皮的?

蛇的身体长到一定程度就必须蜕皮。到了蜕皮的时候，蛇的皮肤会变干，覆盖着眼睛的薄膜变得灰蒙蒙的。蜕皮时先从头部开始，先将嘴角和头部周围的皮撕开，然后将外皮往头下面脱去，经过整个身体，从下面尾巴处脱掉。蜕皮的时候，外皮会被整个翻过来，里面翻到外面来。虽然不同种类的蛇蜕皮次数略有不同，但是大多数蛇一般1年内蜕皮1～2次，越是健康和年龄小的蛇，蜕皮的次数越多。

所有的蛇都是通过产卵繁殖后代的吗?

不是的。虽然大多数蛇会产卵繁衍后代，但是蝮蛇和花园蛇是直接生育小蛇的。动物繁衍后代的方法有很多种，有像狗和马这样胎生繁殖的动物,有像鸭子和乌龟这样产卵繁衍的动物。但是蝮蛇和花园蛇不太一样，它们会将蛋一直放在身体里，直到孵化，然后直接生下小蛇来。

据说，有一些蛇能感知到动物散发出的热量，从而捕到猎物，是真的吗?

响尾蛇和树蟒等蛇类有一个叫作“颊窝”的感知器官。位于蛇的眼睛和鼻孔之间的一对小沟，就是颊窝。长有颊窝的蛇，即使在黑暗的环境里，头也能四面转动，感知猎物散发的热量，从而精准狩猎。

毒蛇的头都是三角形的吗？

很多人被告知，毒蛇的头是三角形的，但并不是所有的毒蛇都是三角形的头。比如，眼镜蛇和海蛇等蛇的头不是三角形的，但是却有剧毒。反之，也有很多蛇的头是三角形的，但并没有毒性，所以只看头的形状并不能区分蛇是否有毒。

蛇的舌头上有毒吗？

很多人常以为蛇的舌头上也有毒，但是事实并非如此，蛇的舌头上是没有毒的。蛇伸出舌头是为了闻空气中存在的气味。所以如果蛇的舌头碰到了身体，不用担心会中毒。

据说解蛇毒的解毒药中，使用了毒蛇的毒素，是真的吗？

如果被毒蛇咬伤，毒液会顺着蛇牙流进体内，然后在全身扩散开。毒蛇的毒性大多非常强烈，所以必须赶快使用解毒药进行治疗。但是解蛇毒的解毒药中却使用了从毒蛇身上提取的毒液。毒蛇的毒液是从脸颊上的毒囊中流出来的，所以如果紧紧抓住蛇的头部，轻轻挤压毒囊，毒液就会顺着牙齿流出来。过一段时间，毒蛇体内又会再次生成毒液。

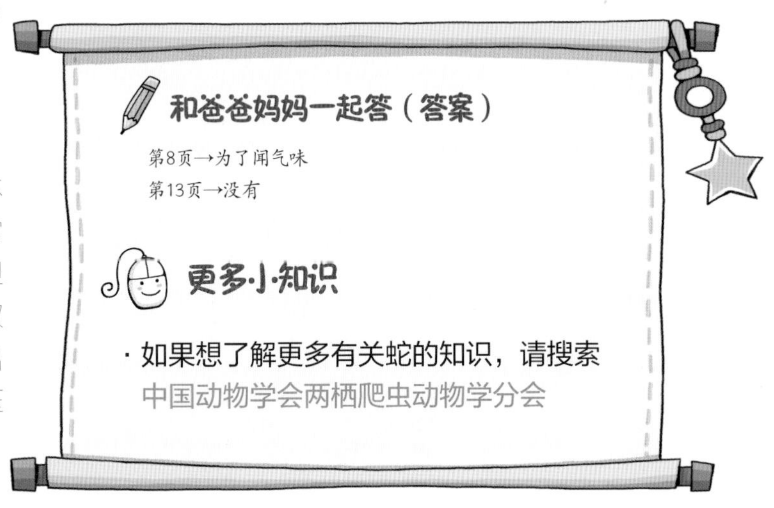

版权贸易合同登记号 图字：01-2020-1480

图书在版编目（CIP）数据

真实的大自然. 陆地动物. 3. 蛇 / 韩国与元媒体公司著；胡梅丽，马巍译. -- 北京：电子工业出版社，2020.7
ISBN 978-7-121-39156-9

Ⅰ. ①真… Ⅱ. ①韩… ②胡… ③马… Ⅲ. ①自然科学－少儿读物②蛇－少儿读物 Ⅳ. ①N49②Q959.6-49

中国版本图书馆CIP数据核字(2020)第108216号

责任编辑：苏　琪
印　　刷：北京利丰雅高长城印刷有限公司
装　　订：北京利丰雅高长城印刷有限公司
出版发行：电子工业出版社
　　　　　北京市海淀区万寿路 173 信箱　邮编：100036
开　　本：889×1194　1/16　印张：17.5　字数：265.50 千字
版　　次：2020 年 7 月第 1 版
印　　次：2022 年 3 月第 2 次印刷
定　　价：234.00 元（全 6 册）

凡所购买电子工业出版社图书有缺损问题，请向购买书店调换。若书店售缺，请与本社发行部联系，联系及邮购电话：（010）88254888，88258888。
质量投诉请发邮件至 zlts@phei.com.cn，盗版侵权举报请发邮件至 dbqq@phei.com.cn。
本书咨询联系方式：（010）88254161 转 1882，suq@phei.com.cn。